Regina Dukart

Messen oder vergessen – Identifikation und Validierung von Leistungsmetriken von Produktionsnetzwerken

Bibliografische Information der Deutschen Nationalbibliothek:
Die Deutsche Nationalbibliothek verzeichnet diese Publikation in der Deutschen Nationalbibliografie; detaillierte bibliografische Daten sind im Internet über http://dnb.dnb.de abrufbar.

Herstellung und Verlag: *Christian Enz – Verlag für Wirtschaft und Wissenschaft Rothenburg*

ISBN: 978-3-9818687-0-8

Regina Dukart, M.Sc.

Messen oder vergessen

Identifikation und Validierung von Leistungsmetriken von Produktionsnetzwerken

ROTHENBURGER WIRTSCHAFTSSCHRIFTEN
BAND I.

Regina Dukart, M.Sc., kam 1988 im kasachischen Karaganda zur Welt. Zu Beginn der 1990er Jahre siedelte sie, gemeinsam mit ihren Angehörigen, ins niederbayerische Bad Abbach über. Dort unterstützte Regina Dukart ihre, zwischenzeitlich mit dem Integrationspreis des Landkreises Kelheim ausgezeichnete, Familie bei der Gründung eines Unternehmens.

Am Von-Müller-Gymnasium Regensburg erwarb Regina Dukart ihre Allgemeine Hochschulreife. Anschließend wechselte Sie zum Studium des Wirtschaftsingenieurwesens an die Friedrich-Alexander-Universität Erlangen-Nürnberg. Ihre universitäre Ausbildung beinhaltete Stationen in international agierenden, produzierenden Konzernen. Dort entwickelte Regina Dukart ihre Affinität zu Projektmanagement und Controlling – den Triebfedern des vorliegenden Buches, dessen Erkenntnisse im Wesentlichen auf einer Master-Thesis beruhen.

Seit 2016 ist Regina Dukart als Projektmanagerin für den Europäischen Fischerei Förderungs-Fonds EMFF tätig.

EXCERPT

Verschiedene Faktoren wie die schnellere Diffusion von Innovationen, Unsicherheiten und Entscheidungsrisiken sowie neue Nachfrageformen haben die Bildung von Produktionsnetzwerken gefördert. Leistungsmetriken helfen Produktionsnetzwerken, den Überblick bei steigender Komplexität im Auge zu behalten und schaffen so Transparenz bei der Bewertung der wirtschaftlichen Situation eines Netzwerks.

Leistungsmetriken geben Hinweise auf Optimierungspotenzial sowie die Stärken und Schwächen eines Produktionsnetzwerks. Jedoch ist es auf Grund der Menge an unterschiedlichen Kennzahlen und Indikatoren schwierig zu erkennen, welche Metriken besonders praxisrelevant sind.

Im Sinne einer effizienten und effektiven Planung, Steuerung und Kontrolle eines Produktionsnetzwerks eruiert das vorliegende Buch, welche Leistungsmetriken zu priorisieren sind. Dabei erfolgt ein Abgleich zwischen der Betriebswirtschaft entliehenen Theorien und der täglichen Praxis in deutschen Produktionsbetrieben. Branchenübergreifende Experteninterviews, durchgeführt sowohl in kleineren und mittleren Unternehmen als auch in global aufgestellten Konzernen, runden das Werk ab. Dies liefert, in Abhängigkeit von Struktur und Größe eines Unternehmens, interessante Erkenntnisse zum Einsatz von Leistungsmetriken im Controlling von Produktionsbetrieben.

Several factors such as the faster diffusion of innovations, uncertainties and risks in making decision as well as new forms of demand have promoted the formation of production networks. Performance metrics help production networks to keep track with increasing complexity and thus create transparency in the assessment of the economic situation of a network.

Performance metrics provide information about potential for optimization as well as the strengths and weaknesses of a production network. However, on the basis of the quantity of different figures and indicators it is difficult to identify, which metrics are particularly relevant in practice.

In terms of an efficient and effective planning, control and monitoring of a production network this book identifies, which performance metrics should be prioritized. A comparison between the business theories and daily practice in German production facilities are made. Cross-industry expert interviews, conducted both in small and medium-sized companies as well as in global corporations, round off the book. Depending on the structure and size of a company, this provides interesting findings for the use of performance metrics in the controlling of production companies.

INHALT

2 EINLEITUNG

Henry Ford machte sich schon vor über 100 Jahren die Kooperation über Netze unabhängiger Händler zu Nutze und profitierte dadurch.[1] Heute ist das Thema Produktionsnetzwerke aktueller denn je.[2] [3] Die zunehmende Wissensintensität, schnellere Diffusion von Innovationen, kürzere Produktlebenszyklen, neue Kommunikations- und Informationssysteme, größere Unsicherheiten und Entscheidungsrisiken sowie neue Märkte, Abnehmergruppen und Nachfrageformen haben die Bildung von Produktionsnetzwerken stark vorangetrieben.[4]

Um wirtschaftlich erfolgreich zu sein, müssen Unternehmen ihre Kernprozesse und -funktionen sowie die treibenden Kräfte des Geschäftes identifizieren. Sie müssen klare, messbare Ziele für ihre Wertschöpfung festsetzen und die darin einfließenden Faktoren regelmäßig überwachen und berichten. Ebenso ist es wichtig, die Beweggründe der Kunden und Mitarbeiter zu erfassen.[5] Die Leistungstreiber einer Strategie müssen permanent kontrolliert werden, um deren Zweckmäßigkeit zu überprüfen. Neben quantitativen müssen auch qualitative Größen einbezogen werden.[6]

Leistungen und Arbeitsergebnisse nachvollziehbar mit traditionellen bilanzorientierten Kennzahlen zu messen erweist sich als schwierig, da nicht nur monetäre Kennzahlen Auswirkung auf die Leistungserbringung haben. So betrachten Performance Measurement Systeme auch nicht-monetäre Kennzahlen und verzahnen Potenziale und Ergebnisse sowie Führung und Durchfüh-

---

[1] Vgl. (Stengel, 1999, p. 7-8)

[2] Vgl. (Knieps, 2015, p. 3)

[3] Vgl. (Schuh, Friedli, & Kurr, 2005, p. 9)

[4] Vgl. (Schmoll, 2001, p. 14-16)

[5] Vgl. (Bode, 2008, p. 24)

[6] Vgl. (Piser, 2004, pp. 3, 37)

rung.[7] Das Performance Measurement dient der Unternehmensführung durch die Bereitstellung steuerungsrelevanter Informationen als Unterstützung.[8] Der Zielerreichung ist eine adäquate Leitung vorgelagert, was die Frage aufwirft, wie ein erwarteter oder realisierter Erfolg gemessen werden kann, denn: „If you can`t measure it, you can`t manage it.“[9] Nur quantifizierbare Ziele sind steuerbar und für eine Organisation relevant.[10]

Die in den letzten Jahren entstandenen Netzwerke stellen als Koordinationsform ein Organisationsinstrument auch unternehmensübergreifender, ökonomischer Prozesse dar. Dieses sollte für die Unternehmensstrategie systematisch genutzt werden.[11]

Die Leistungserstellung innerhalb eines Produktionsnetzwerks erhöht die Komplexität des Marktgeschehens. Auf Grund der steigenden Komplexität ist es schwieriger, benötigte Informationen zu erhalten. Dennoch müssen Unternehmen rational handeln – trotz dessen, dass Entscheidungen in der Realität nur eingeschränkt rational sind, da sie multipersonale und multitemporale Prozesse beinhalten. Individuelle Ziele und subjektiv wahrgenommene Informationen führen zu Ineffizienzen.[12] Daher ist es notwendig Metriken zu identifizieren, anhand derer die Leistung von Produktionsnetzwerken eindeutig bewertet werden kann. KPIs sind ein gängiges Mittel Ziele zu kommunizieren und Erfolge zu überwachen.[13]

2.1 Problemstellung

Die Globalisierung ließ Produktionsnetzwerke mit Standorten im In- und Ausland entstehen. Auch in Zukunft werden Pro-

[7] Vgl. (Bode, 2008, pp. 2, 26)
[8] Vgl. (Piser, 2004, p. 114)
[9] (Piser, 2004, p. 109)
[10] Vgl. (Piser, 2004, p. 111)
[11] Vgl. (Stengel, 1999, p. 2)
[12] Vgl. (Stengel, 1999, p. 27-28)
[13] Vgl. (Pantke & Herzog, 2014, p. 180)

duktionsnetzwerke eine bedeutende Rolle für die Leistungserbringung spielen, da Vorteile für produzierende Unternehmen generiert werden können.[14] Die Komplexität eines Produktionsnetzwerkes steigt jedoch mit zunehmender Anzahl von Netzwerkmitgliedern. Dies gilt sowohl für die mögliche Interaktion, als auch die mögliche Divergenz von Interessen.[15] Es gibt eine große Anzahl an Akteuren, die das Produktionsnetzwerk bilden, da die Leistungsumfänge auf viele Partner und Lieferanten verteilt werden. Die Existenz der beteiligten Unternehmen ist dauerhaft zu sichern. Es muss zudem beachtet werden, dass diese Netzwerke mit ihrer Umwelt und den Interessensträgern stark verflochten sind und durch zahlreiche Faktoren geprägt werden.[16] Die immer höheren Anforderungen an Qualität, Leistungs- und Reaktionsfähigkeit von Unternehmen werden insbesondere von Kundenseite eingefordert.[17]

Besonders die unternehmensübergreifenden Schnittstellen eines Leistungserstellungsprozesses sind von hoher Bedeutung.[18] Hier sind geeignete Kennzahlen notwendig, damit festgestellt werden kann, ob die Interessen der Netzwerkbeteiligten gewahrt bleiben.

2.2 Zielsetzung und Forschungsdesign

„If you can´t measure it, you can´t manage it“[19] Kennzahlen und Indikatoren müssen identifiziert werden, wenn ein Produktionsnetzwerk effizient und effektiv geplant, gesteuert und kontrolliert werden soll. Leistungsmetriken zeigen allen Mitgliedern einer Organisation, welche Aufgaben für das Erzielen der definierten Wertschöpfung eines Produktionsnetzwerks zu erfüllen sind.[20]

---

[14] Vgl. (Schäfer & Henry, 2011, p. 9-11)

[15] Vgl. (Stengel, 1999, p. 41)

[16] Vgl. (Piser, 2004, pp. 9-10, 15)

[17] Vgl. (Piser, 2004, p. 12)

[18] Vgl. (Stengel, 1999, p. 40)

[19] (Kaplan & Norton, 1997, 1997, p.21)

[20] Vgl. (Boersch, 2007, p. 144)

Die Herstellung von Transparenz in der Leistungsbewertung ist bedeutend für die Leitung eines Unternehmens.[21] Zielsetzung der vorliegenden Forschungsarbeit ist es, Leistungsmetriken von Produktionsnetzwerken zu identifizieren und zu validieren. Folgende Fragestellungen sollen im Detail betrachtet werden: Mittels welcher Kennzahlen oder Indikatoren kann die Leistung von Produktionsnetzwerken bewertet werden? Welche Metriken sind relevant, um eine Leistungsbewertung zu ermöglichen?

Vor der Identifikation von Metriken zur Leistungs- und Erfolgsmessung von Produktionsnetzwerken müssen die Grundlagen geklärt werden. Die Begriffe Produktionsnetzwerk, Kennzahlen und Performance Measurement werden definiert. Anschließend werden Formen von Produktionsnetzwerken und Netzwerkstrategien aufgeführt. Das Produzieren im Netzwerk bringt Vorteile und Fähigkeiten mit sich, die erläutert werden. Danach werden drei Instrumente der Leistungsbewertung vorgestellt, wie z. B. die Balanced Scorecard. Damit wird verdeutlicht, wie Kennzahlen in ein Konzept eingebettet werden können. Schließlich erfolgen eine Konkretisierung der Ziele und Funktionen von Performance Measurement sowie die Vorstellung von Aufbau und Struktur eines Performance Measurement Systems. Nach Klärung der Grundlagen wird in einer systematischen, quantitativen Literaturanalyse nach Kennzahlen und Indikatoren gesucht, die für die Leistungsbewertung von Produktionsnetzwerken herangezogen werden können. Dabei werden Veröffentlichungen von 2012 bis 2016 berücksichtigt, um den aktuellen Stand aus Wissenschaft und Forschung abzubilden. Die gefundenen Metriken werden schließlich nach Kategorien und Häufigkeit geordnet. Ein Interviewleitfaden wird für die Experteninterviews mit den Erkenntnissen aus der systematischen Literaturanalyse erstellt. Anschließend folgen zehn Experteninterviews mit Experten aus unterschiedlichen Unternehmen und Branchen, durch welche die Ergebnisse aus der Literaturanalyse validiert und Schlussfolgerungen gezogen werden.

[21] Vgl. (Piser, 2004, p. 111)

Der theoretische Teil dieser Arbeit, der den Stand der Forschung wiederspiegelt, basiert auf einer systematischen Literaturanalyse. Mit dieser wird eine solide Grundlage geschaffen, um die Menge der existierenden Erkenntnisse darzulegen. Es sind Metriken zu eruieren, mit denen die Leistungsbewertung von Produktionsnetzwerken erfolgen kann. Das hier dargestellte Schema[22] zeigt das Forschungsdesign. Bei der Recherche wird systematisch mit Schlagwörtern nach passenden Veröffentlichungen gesucht. Zu diesen sog. Keywords zählen Begriffe wie Metriken, Kennzahlen, Indikatoren, KPI, Produktionsnetzwerk sowie deren Übersetzung ins Englische. In Hochschulbibliotheken, „Google Scholar“, „Scopus“ etc. wird nach Büchern, Journals und sonstigen Veröffentlichungen auf Deutsch und Englisch recherchiert. In Anlehnung an das SCOR-Modell[23] wurden möglichen Kategorien entwickelt, in welche die Veröffentlichungen eingeteilt werden könnten. So ist beispielsweise die Materialversorgung zu planen und Material von Standort A nach B zu transportieren, um (weiter-)verarbeitet zu werden. Dabei müssen die vorhandenen Ressourcen für die Planung und Durchführung der Prozesse bzw. Verarbeitungsschritte mit einbezogen werden. Also werden die Kategorien Ressourcen, Materialversorgung/ -wirtschaft, Logistik und Fertigung/Verarbeitung/Prozess definiert, nach denen die gefundenen Veröffentlichungen zu selektieren sind. Nach Durchsicht von 10% - 50% des Materials findet eine Überprüfung und ggf. Überarbeitung der Kategorien statt. Schließlich könnte während der Recherche erkannt werden, dass Kategorien ergänzt werden müssen oder Bestehende eventuell unpassend erscheinen. Am Ende der Forschungsarbeit werden die Ergebnisse ausgewertet und als Grundlage für zu führende Experteninterviews verarbeitet. Nach den Experteninterviews werden die Ergebnisse aufbereitet und diskutiert.

---

[22] Vgl. (Aeppli, 2014, p. 257)

[23] Vgl. (Wannenwetsch, 2014, p. 505)

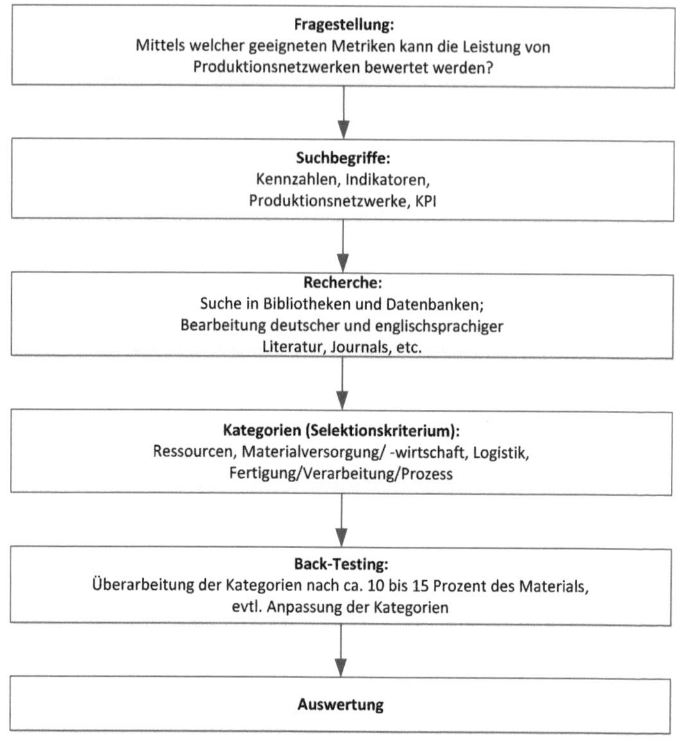

Abbildung 1: Vorgehen bei der Literaturrecherche und -analyse

Um eine übersichtliche Darstellung zu gewährleisten, werden Tabellen mit Quellen und den jeweiligen Erkenntnissen angelegt. Mit der Literaturverwaltungsdatenbank Citavi werden die gesichteten Publikationen verwaltet. Zehn Experteninterviews dienen zudem der Validierung der Erkenntnisse aus der Textarbeit. Für die Klärung der Forschungsfragen ist die Zahl von zehn Experten an dieser Stelle ausreichend. Geht es hier nicht um die Ermittlung eines repräsentativen Ergebnisses, sondern um die Validierung einer Literaturrecherche. Hierfür ist eine qualitative[24] Erhebung ausreichend. Eventuelle Tendenzen können dann Impulse für weitere Forschungsprojekte werden.

---

[24] Vgl. (Oehlrich, 2015, p. 70-73)

Als Experten werden in diesem Forschungsprojekt solche Personen angesehen, die in einem bestimmten Tätigkeitsfeld langjährige Erfahrung haben und somit über das für den Forschungszweck notwendige Know-How verfügen und an Entscheidungsprozessen in ihrem Unternehmen beteiligt sind. Das vorhandene persönliche Netzwerk und das Internet sollen bei der Suche nach solchen Experten zu Hilfe gezogen werden. Die gefundenen Experten werden schriftlich und telefonisch kontaktiert. Dabei wird sichergestellt, dass diese tatsächlich für die gegebene Fragestellung geeignete Experten sind.

Für die Gespräche wird ein Interviewleitfaden[25] mit Fragen erstellt, um einen vergleichbaren Ablauf sicherzustellen. Die Fragen werden so formuliert, dass dem Ansprechpartner genügend Antwortspielraum eingeräumt wird – ohne das Ziel der Befragung aus den Augen zu verlieren. Denn geschlossene oder gar implizierende Fragestellungen bringen keinen Wissenszugewinn. Bei Fragen, die mittels einer Skala beantwortet werden, wird eine Skala mit gerader Anzahl an Antwortmöglichkeiten vorgegeben. So wird erreicht, dass Probanden nicht einfach auf den Mittelwert ausweichen können, was latente Tendenzen verstärkt. Dadurch ist es deutlicher möglich, eine Entwicklung in die eine oder andere Richtung zu erkennen. Vor dem Einsatz des Leitfadens in Expertengesprächen erfolgt ein Test der Systematik. So werden spätere Probleme in der Gesprächsführung minimiert. Zudem kann der Fragebogen um irrelevante Fragen bereinigt werden. Zusammengehörige Fragen können eventuell in eine logischere Struktur gebracht werden, Missverständnisse geklärt, technische Probleme behoben oder vermieden werden und die ungefähre Dauer der Befragung abgeschätzt werden kann. Das Interview wird stichpunktartig als Stütze für die spätere Auswertung protokolliert und vollständig auf einem Tonträger aufgezeichnet, so dass für die Analyse keine Informationen verloren gehen können. Als Aufnahmegerät wird hier das TASCAM DR-40 mit Raummikrofon eingesetzt. Anschließend werden die Interviews transkribiert und können im Anhang der vorliegenden Arbeit in Auszügen nachvollzogen werden. Für die Auswertung der

[25] Vgl. (Brink, 2013, p. 131-140)

Interviews werden die Daten in Tabellen zusammengefasst, mit denen ein Vergleich der einzelnen Aussagen ermöglicht wird. Abschließend wird das gesammelte Material analysiert, ausgewertet und diskutiert.

3 THEORETISCHE GRUNDLAGEN

Ehe man Metriken zur Leistungs- und Erfolgsmessung von Produktionsnetzwerken identifizieren kann, bedarf es einer Klärung der Grundlagen. Im folgenden Kapitel werden die Begriffe Produktionsnetzwerk, Kennzahlen und Performance Measurement definiert. Anschließend werden Formen von Produktionsnetzwerken und Netzwerkstrategien aufgeführt. Das Produzieren im Netzwerk bringt Vorteile und Fähigkeiten mit sich, die hier erläutert werden. Danach werden drei basale Instrumente der Leistungsbewertung vorgestellt, wie z. B. die Balanced Scorecard. Schließlich werden die Ziele und Funktionen von Performance Measurement sowie der Aufbau und die Struktur eines Performance Measurement Systems konkretisiert.

3.1 Definition Produktionsnetzwerk

Produktionsnetzwerke sind Unternehmensnetzwerke, die der Erstellung von Sach- und Dienstleistungen dienen. Dominiert die Erstellung einer Dienstleistung, so spricht man von einem Dienstleistungsnetzwerk.[26] Produktionsnetzwerke sind die organisatorische Antwort auf die Herausforderung Produktivität und Flexibilität, Internationalität und Regionalität sowie Kapitalproduktivität und Arbeitsproduktivität je gleichzeitig zu steigern.[27] Produktionsnetzwerke sind „hybride, marktliche und hierarchische Elemente intelligent miteinander kombinierende Organisationsformen ökonomischer Aktivitäten, die manchmal auch als eigenständige Koordinationsform jenseits von Markt und Hierarchie begriffen werden“[28]. Sie „stellen eine auf die Realisierung von Wettbewerbsvorteilen zielende Organisationsform ökonomischer Aktivitäten dar, die sich durch komplex-reziproke, eher kooperative und relativ stabile Beziehungen zwischen rechtlich selbständigen, wirtschaftlich jedoch zumeist abhängigen Unter-

[26] vgl. (Sydow & Möllering, 2009, p. 17)

[27] vgl. (Sydow & Möllering, 2009, p. 6)

[28] (Sydow & Möllering, 2009, p. 33-34)

nehmungen auszeichnet“[29].[30] Die Zusammenarbeit in Netzwerken ist auf vertraglichen oder stillschweigenden Vereinbarungen begründet und auf die gemeinsame Erzielung von Wettbewerbsvorteilen ausgerichtet.[31] Sie sind polyzentrische Systeme, da Management verteilt stattfindet. Die Basis einer Netzwerkorganisation ist eine intelligente Mischung aus bewusster Planung und spontaner Ordnung. Produktionsnetzwerke können sich zu einer strategischen Ressource entwickeln.[32] Ein Produktionsnetzwerk besteht aus verschiedenen Kanten und Knoten[33], wobei die Knoten als Aktoren unterschiedliche Gruppen, Individuen, Nationen oder Organisationen repräsentieren. Wohingegen Kanten Verbindungen, Aktivitäten und Beziehungen verkörpern. Von einem Produktionsnetzwerk spricht man, wenn mindestens zwei Aktoren direkt an der Leistungserstellung beteiligt sind.[34] Die Aktoren übernehmen Teilaufgaben der Produktion. Dabei gibt es Leistungsaustauschbeziehungen in Form von Informations- oder Leistungsfluss. Gehören die Aktoren rechtlich selbstständigen Unternehmen an, besteht hierbei ein interorganisationales Netzwerk bei dem beispielsweise Produktionsschritte ausgelagert werden oder selbstständige Unternehmenseinheiten kooperieren. Von den interorganisationalen sind die intraorganisationalen Netzwerke zu differenzieren. Dabei kooperieren Einheiten, welche rechtlich demselben Unternehmen angehören. Tochtergesellschaften oder ausländische Produktionsstandorte gehören ebenfalls dazu.[35]

---

[29] (Sydow & Möllering, 2009, p.16)

[30] Vgl. (Klaus, 2002, p. 20-21)

[31] Vgl. (Wipprich, 2008, p. 9)

[32] Vgl. (Sydow & Möllering, 2009, p. 28-29)

[33] Vgl. (Scheer, 2008, p. 16)

[34] Vgl. (Stengel, 1999, p. 2)

[35] Vgl. (Moser, 2014, p. 8-10)

3.2 Definition Kennzahlen und Performance Measurement System

„Kennzahlen sind betrieblich relevante, numerische Informationen".[36] Sie werden „als jene Zahlen betrachtet, die quantitativ erfassbare Sachverhalte in konzentrierter Form erfassen"[37] und „in Form einer bewussten Verdichtung der komplexen Realität informieren sollen"[38]. Sie „werden als Informationen definiert, die Sachverhalte und Tatbestände in einer Ziffer relevant und knapp ausdrücken können"[39]. In der Literatur werden die Ausdrücke Kennziffer, Maßgröße, Schlüsselgröße, Messgröße und Richtzahl synonym verwendet.[40] Die anglo-amerikanische Literatur sieht Kennzahlen als Verhältniszahlen, wohingegen die deutsche Literatur auch Absolut-Zahlen als Kennzahlen festlegt. Wesentliche Eigenschaften von Kennzahlen sind die Quantifizierbarkeit, der Informationscharakter und die spezifische Form der Information.[41] Kennzahlen lassen sich anhand von acht Dimensionen[42] charakterisieren und identifizieren:

- der Untersuchungsgegenstand, z. B. Soft Facts wie Mitarbeiterinformation bzw. Hard Facts wie Umsatz
- die Einheit, z. B. Geldeinheiten oder Menge
- das betriebliche Aggregationsniveau, z. B. das gesamte Unternehmen bzw. eine Filiale
- das zeitliche Aggregationsniveau, z. B. Jahr bzw. Monat
- der Zeitpunkt, z. B. Tag, Monat bzw. Jahr

[36] (Sandt, 2004, p. 10)

[37] (Syring, 2008, p. 21)

[38] (Bode, 2008, p. 34)

[39] (Syring, 2008, p. 27)

[40] Vgl. (Preißler, 2008, p.11)

[41] (Syring, 2008, p. 28)

[42] Vgl. (Syring, 2008, p. 29)

- die Zahlenart, z. B. Abgang, Zugang bzw. Veränderung

- der Informationszweck, z. B. Ziel-, Soll-, Ist- oder Wird-Wert

- die Informationsquelle, z. B. primäre bzw. sekundäre Datenquelle

Zu den weiteren möglichen Unterscheidungsmerkmalen zählen:

- die statistische Form, d. h. Einteilung in relative oder absolute Kennzahlen
- die Informationsbasis: kann die Planung, Kostenrechnung, Betriebs- oder die Finanzbuchhaltung sein
- der Handlungsbezug, z. B. normative oder deskriptive Kennzahlen
- der Objektbereich, z. B. gesamt- oder teilbetriebliche, organisatorische, funktionale und divisionale Bereiche
- die Zielorientierung, z. B. Erfolgs- oder Liquiditätsausrichtung

Für die effiziente Auswertung von Informationen und zur Entscheidungsvorbereitung sind Kennzahlen ein geeignetes Hilfsmittel.[43] Damit sie ihre Funktion erfüllen können, müssen Kennzahlen eine Reihe von Anforderungen erfüllen. Dazu zählt die Zweckeignung. Damit ist gemeint, dass der Aussageinhalt mit dem erforderlichen Informationsbedarf, ein Problem zu lösen, übereinstimmt. Weiterhin ist Vollständigkeit und Genauigkeit gefordert. Dies sorgt für die geforderte Qualität und Präzision beim Verdichten und Erfassen der Information. Um konträre Aussagen zu vermeiden gilt die Anforderung der Widerspruchsfreiheit. Zudem sind Aktualität und Transparenz sowie die Ver-

[43] Vgl. (Syring, 2008, p. 30)

hältnismäßigkeit zwischen dem Nutzen und dem dafür aufzubringenden Aufwand[44] bei der Erhebung gefragt. Außerdem wird an Kennzahlen die Anforderung gestellt, dass sie einen schnellen und umfassenden Überblick über komplizierte betriebliche Sachverhalte, Strukturen sowie Prozesse liefern. Sie dienen außerdem dem Management bei Analysen und Steuerungsaufgaben, wobei sie irrelevante Daten ausblenden. Kennzahlen sollen darüber hinaus hinsichtlich Veränderungen flexibel sein und das Kennzahlenspektrum Erweiterungen zulassen. Schließlich sollen Kennzahlen wesentliche Prozess- und Kostentreiber identifizieren.[45] Auch der Organisation kommt in Bezug auf Kennzahlen Bedeutung zu. So gilt es zunehmend, benötigte Kennzahlen der richtigen Person, zum richtigen Zeitpunkt, am richtigen Ort, in der richtigen Form zur Verfügung zu stellen. [46]

Von der Begrifflichkeit Kennzahl ist der Ausdruck Indikator abzugrenzen. Indikatoren gelten als bedeutender Bestandteil von Performance Measurement-Systemen. Beispielsweise wäre die Anzahl von Beschwerden ein Indikator für die Qualität eines Produktes.[47] Kennzahlen messen hingegen direkt eine zu beobachtende und relevante Erfolgsgröße und dienen nicht als indirekte Indikatoren. Indikatoren verdichten keine zahlenmäßig erfassbaren Sachverhalte. Sie bieten eine numerische Grundlage für die Betrachtung von Ursache-Wirkungszusammenhängen und leisten einen Beitrag zur unternehmerischen Zukunftsprognose. Deshalb müssen Indikatoren als Maßgrößen dargestellt werden, die wegen eines vermuteten Zusammenhanges auf eine potenzielle Modifikation einer anderen Größe deuten. Damit sind Indikatoren notwendig, um kritische Erfolgsfaktoren abzubilden und zu verfolgen. Mit Hilfe eines Indikators erfolgt eine indirekte Messung.[48] Indikatoren sind ebenso von KPIs, den Key Performance Indicators zu differenzieren. Diese „können als Messgrößen einer Organisation, einer Organisationseinheit bzw. eines Prozesses bezeichnet werden, die Faktoren abbilden, welche für den gegen-

---

[44] Vgl. (Syring, 2008, p. 33)

[45] Vgl. (Bode, 2008, p. 35)

[46] Vgl. (Syring, 2008, p. 21)

[47] Vgl. (Sandt, 2004, p. 11)

[48] Vgl. (Bode, 2008, p. 40-41)

wärtigen oder zukünftigen Erfolg der Organisation von entscheidender Bedeutung sind“[49]. KPIs sollten ausgewogen, standardisiert und integriert sein.[50] Wesentliche Merkmale von Kennzahlen sind der Informationscharakter, die Quantifizierbarkeit und die spezifische Form der Information, die einen Überblick über komplizierte Sachverhalte einfach und schnell liefert.[51]

Der Begriff Performance gilt im Management „als ein Maß für die Erreichung vorgegebener Leistung, z. B. das Verhältnis des erreichten Umsatzes zu einem angestrebten Umsatz für eine Periode“ und wird „als ein bewerteter Beitrag zur Erreichung der Ziele eines Unternehmens angesehen“, der „von Individuen und Gruppen des Unternehmens sowie externen Gruppen, wie z. B. Lieferanten, erbracht werden“ kann[52]. Performance wird in der Literatur heterogen verwendet – einerseits meint man den Arbeitseinsatz im Sinne der Erfüllung der Unternehmensausgabe, andererseits nutzt man den Begriff als Ergebnis von betriebswirtschaftlichen Tätigkeiten. Effizienz und Effektivität sind von zentraler Bedeutung.[53] Während Effizienz einer Leistung als ökonomische, das Verhältnis von wertmäßigem Input zu Output angebende Größe zu verstehen ist, drückt Effektivität aus, in welchem Maß die Anforderungen an die Leistungen erfüllt sind.[54]

Der Begriff Performance Measurement fasst „die modernen Ansätze und Konzepte der Leistungsmessung und –bewertung zur Unternehmenssteuerung“[55] zusammen. Er „betrachtet verschiedene quantifizierbare Maßgrößen verschiedenster Dimensionen (z. B. Kosten, Zeit, Qualität, Innovationsfähigkeit, Kundenzufriedenheit), die zur Beurteilung der Effektivität und Effizienz der Leistung und Leistungspotenziale unterschiedlichster Objekte im Unternehmen, wie Organisationseinheiten, Mitarbeiter oder

---

[49] (Bode, 2008, p. 42)

[50] Vgl. (Bode, 2008, p. 42)

[51] Vgl. (Matheis, 2012, p. 29)

[52] (Bode, 2008, p. 3)

[53] Vgl. (Matheis, 2012, p. 15)

[54] Vgl. (Bode, 2008, p. 3-4)

[55] (Syring, 2008, p. 98)

Prozesse, herangezogen werden.[56] [57] Durch die Verwendung von Leistungsmaßgrößen lässt sich nicht nur die Transparenz steigern, sondern auch die objektbezogene Leistung erhöhen und Lerneffekte erzielen.[58] Performance Measurement verbindet die wertorientierte Planung mit den Geschäftsprozessen durch die Entwicklung und Anwendung von mehrdimensionalen Messsystemen.[59] Es „kann als ein Teil (-prozess) einer ganzheitlichen und steuerungsgrößenbasierten Unternehmensführung, dem Performance Management, aufgefasst werden" und „stellt den zentralen Baustein eines Performance Management-Systems dar", in dem man versucht, zu beantworten, wie gut ein Unternehmen ist.[60]

Performance Measurement-Systeme „können als Kennzahlensysteme definiert werden. Diese stellen einen direkten Bezug zu den Zielen und Strategien eines Unternehmens bzw. Geschäftsbereiches her. Des Weiteren kann unter ihnen eine Zusammenstellung sowie Messung, Analyse und Steuerung von performancerelevanten monetären und nicht-monetären Kennzahlen verstanden werden."[61] In einem Kennzahlensystem stehen zwei oder mehr Kennzahlen in einer Beziehung zueinander, erklären oder ergänzen sich.[62] Die tatsächliche Messung der Ausprägungen der einzelnen Kennzahlen innerhalb dieser Systeme ist von zentraler Bedeutung. Führt ein Unternehmen ein Performance Measurement-System ein, versucht es, dadurch die Unternehmensstrategie zu operationalisieren und die Unternehmensperformance umfassend und mehrdimensional zu beurteilen. Dies ermöglicht eine ziel- und strategiekonforme Steuerung. Weiterhin wird die Unternehmensperformance verbessert. Durch Performance Measurement-Systeme ist es möglich externe Informationsasymmetrien zu reduzieren.[63]

---

[56] (Syring, 2008, p. 98)

[57] (Bode, 2008, p. 29)

[58] vgl. (Syring, 2008, p. 98)

[59] Vgl. (Bode, 2008, p. 20)

[60] (Bode, 2008, p. 29)

[61] (Bode, 2008, p. 55)

[62] Vgl. (Sandt, 2004, p. 14)

[63] Vgl. (Bode, 2008, p. 55-56)

3.3 Formen von Produktionsnetzwerken

Zu den Erscheinungsformen von Netzwerken zählen strategische Netzwerke, regionale Netzwerke, Projektnetzwerke, Vertragshändlersysteme, Franchisesysteme, Lizenzkooperationen, Entwicklungspartnerschaften und Joint Ventures. Die Formen sind vielfältig und facettenreich. Ein wichtiges Unterscheidungsmerkmal ist die räumliche Konzentration der Netzwerke.[64] [65] [66]

Zu den Formen von Produktionsnetzwerken zählt die *wechselnde Zusammenarbeit*, bei der durch Mehrfacheinbindungen einzelne Partner substituierbar sind. Dadurch werden Redundanzen geschaffen und damit das Fixkostenrisiko auf Grund kapazitativer Flexibilität reduziert. Jedoch entsteht zwischen den redundanten Netzwerkpartnern eine Wettbewerbssituation. Partner können aber auch komplementäre Kompetenzen haben, durch die in wechselnder Zusammenarbeit vielseitigere Leistungsanforderungen gemeinsam erfüllt werden können.[67] Des Weiteren gibt es die *Kreislaufwirtschaft* als spezielle Form der Zusammenarbeit. Dabei werden Produkte nach ihrer Nutzung bei einem Abnehmer als Sekundärrohstoffe vom Hersteller eingesetzt. Dies ist insbesondere aus ökologischen Gesichtspunkten interessant. Bei der Kreislaufwirtschaft kann zwischen der Wiederverwendung und Weiterverwendung differenziert werden.[68]

Es können mehrere Standorte internationaler oder nationaler Unternehmen vernetzt sein. Es besteht aber auch die Möglichkeit, dass selbstständige Unternehmen oder deren Einheiten unternehmensübergreifend vernetzt sind.[69]

---

[64] Vgl. (Sydow & Möllering, 2009, p. 28)

[65] Vgl. (Scheer, 2008, p.14-15)

[66] Vgl. (Klaus, 2002, p. 56)

[67] Vgl. (Stengel, 1999, p. 42)

[68] Vgl. (Stengel, 1999, p. 42)

[69] Vgl. (Kaluza & Blecker, 2013, p. 13)

3.4 Netzwerkstrategien

Die Konfiguration von Produktionsnetzwerken bringt viele abzustimmende strategische Entscheidungen mit sich, die sich auf den Erfolg des Produktionsnetzwerks auswirken, langfristig bindend sind und große Unsicherheiten implizieren. Bei der Konfiguration klärt man die besten Standorte und eine zweckmäßige Anzahl an Fabriken, die adäquate Fertigungstiefe und –breite der Fabriken, die erforderlichen Prozesse und Kompetenzen der Fertigungsstätten und die leistungsfördernde Infrastruktur des Produktionsnetzwerks. [70]

Man unterscheidet drei Netzwerkkonfigurationen:[71]

- Die **völlig flexible Konfiguration**, wobei jedes Produkt überall produziert werden kann.
- Die **exklusiv zugeordnete Konfiguration**. Hier wird jedes Produkt genau einer bestimmten Stelle zugewiesen.
- Sowie die **teilweise flexible Konfiguration**, die aus Kombinationen der ersten Art besteht.

Nicht zu vernachlässigen ist der Begriff „Koordination", der einen betriebswirtschaftlichen und einen organisatorischen Aspekt in sich trägt. Während bei der betriebswirtschaftlichen Seite die Abstimmung zur Optimierung eines bestimmten Ziels im Mittelpunkt steht, betrachtet man aus organisatorischer Perspektive ein Regelungssystem, das dazu dient Verhalten der Organisationsmitglieder auf ein übergeordnetes Gesamtsystem auszurichten. Koordination ist als "zielgerichtete Abstimmung der sich aus der Arbeitsteilung ergebenden Interdependenzen" oder „als zielgerichtete Abstimmung interdependenter Systeme"[72] zu verstehen. Der Koordinationsaufwand steigt mit fortschreitender Differenzierung, d.h. mit steigender Ausprägung der Arbeitsteilung sowie mit zunehmender Zahl Beteiligter an der Leistungserstellung. Außerdem nimmt der Koordinationsbedarf zu, je höher die Abhängigkeit zwischen den Organisationseinheiten ist und je

[70] Vgl. (Schäfer & Henry, 2011, p. 13-14)

[71] Vgl. (Volling, Matzke, Grunewald, & Spengler, 2013, p. 242)

[72] Vgl. (Scheer, 2008, p. 39)

mehr sich die Organisationseinheiten hinsichtlich ihres Leistungsspektrums und ihrer Größe unterscheiden. Sind große zeitliche, räumliche, menschliche und sachliche Distanzen zu überwinden sowie die zu bearbeitenden Tätigkeiten komplex, dynamisch, unstrukturiert und umfangreich, besteht ebenso hoher Koordinationsbedarf.[73] Die Abstimmung kann zeitpunktbezogen zwischen Forward- bzw. Vorauskoordination, also antizipativ und Feedback- bzw. Ad-hoc-Koordination - als Reaktion auf Störungen - differenziert werden. Auch richtungsbezogen ist eine Unterscheidung in lateraler, vertikaler und horizontaler Koordination möglich. Dabei bezieht sich die laterale Koordination auf die Abstimmung zwischen Teileinheiten, welche weder in horizontaler noch in hierarchischer Beziehung stehen. Vertikale Koordination meint die Ausrichtung nachgeordneter Teileinheiten auf ein übergeordnetes Ganzes. Horizontale Koordination bezeichnet die Abstimmung zwischen gleichrangigen Teileinheiten und ist oft nur zusammen mit einer vertikalen Koordination möglich. Die Perspektive des Koordinationsträgers erlaubt eine Unterscheidung zwischen Selbst- und Fremdkoordination. Erfolgt die Selbstkoordination nicht autoritär oder dezentral, steuert bei der Fremdkoordination eine hierarchisch übergeordnete Person oder Instanz, wodurch Letztere auch hierarchische, autoritäre oder zentrale Koordination genannt wird. In Netzwerken ist ebenfalls eine polyzentrisch oder heterarchisch strukturierte Koordination mit situationsabhängig verschiebbaren Kompetenzbereichen und Kontrollinstanzen denkbar.[74] Üblicherweise bildet sich innerhalb eines Netzwerks eine Netzwerkzentrale, welche die netzwerkinterne und –externe Abstimmung der Austausch- und Rahmenbedingungen eines Netzwerks betreibt. Zur netzwerkinternen Abstimmung gehören finanzielle, personelle, informationelle, materielle und immaterielle Interaktionen zwischen beteiligten Netzwerkunternehmen. Netzwerkexterne Koordination bezieht sich auf die Außenkontakte und die Umwelt eines Netzwerks, auf Transaktionen mit den Kunden und Lieferanten eines Netzwerks sowie den Marktauftritt. Damit erfüllt die Netzwerkzentrale diverse Basisfunktionen. Als Informationszentrum sammelt sie

---

[73] Vgl. (Scheer, 2008, p. 39-40)

[74] Vgl. (Scheer, 2008, pp. 43-44, 52)

Informationen und explizites Wissen, um dies an Netzwerkpartner selektiert weiterzugeben. Sie ist bezüglich der Anzahl und Art der Beziehungen zu den Netzwerkpartnern Manager und verrichtet administrative Tätigkeiten im Rahmen der Netzwerkentwicklung. Unternehmensübergreifende Prozesse der Logistik, Auftragsabwicklung und das Qualitätsmanagement koordiniert und auditiert sie als Prozesskoordinator. Als Netzwerkmoderator betreut und berät die Netzwerkzentrale Mitglieder und moderiert bei Konflikten. Die Zentrale ist ein Netzwerker und rekrutiert bzw. selektiert Netzwerkpartner. Des Weiteren ist sie auch Außenkontakter und repräsentiert damit das Gesamtnetzwerk, pflegt Kundenkontakte und akquiriert Aufträge für das Gesamtnetzwerk. Schließlich installiert, auditiert und wartet die Zentrale als Infrastruktur-Manager die informationstechnologische Netzinfrastruktur.[75]

Beim Manufacturing on Demand über Produktionsnetzwerke kann unmittelbar mit dem Kunden über Angebote verhandelt und diese können spezifiziert werden. Das Produkt kann interaktiv oder gemeinsam mit dem Kunden gestaltet werden. In einem globalen Produktionsnetzwerk verändert man die Ressourcen situationsabhängig. Schließlich optimiert man die Auftragsabwicklung und die Prozesse durch interaktive Simulation. Beim Manufacturing on Demand stellen sich hohe Anforderungen an die Flexibilität der Kapazität und des Produktes.[76]

3.5 Vorteile und Fähigkeiten durch Produktion im Netzwerk

„Collaborate or Die“[77] ist eine polarisierende Aussage. Dennoch bietet das Produzieren im Netzwerk einige Vorteile. Sach- oder Dienstleistungen können co-produziert werden, ohne dass sich die Netzwerkunternehmungen von ihrer Kernkompetenz lösen müssen. Bei Einbeziehung der Kunden kann nicht mehr

[75] Vgl. (Scheer, 2008, p. 52-54)

[76] Vgl. (Warnecke & Bullinger, 1996, p. 19)

[77] (Schuh et al., 2005, p.9)

nur von einer Kundenintegration, sondern Kundenkooperation gesprochen werden. Dadurch können externe Faktoren wie Informationen, Rechte und andere Objekte durch den Kunden „als Dienstleister" eingebracht werden.[78] Sollten früher besonders interne Skalenerträge bei entsprechender, sichergestellter Leistungsqualität realisiert werden, werden Skalenerträge mittlerweile zunehmend betriebsextern realisiert. Dies ist sowohl in einem konzerninternen, als auch konzernübergreifendem Verbund möglich. Zusätzlich kann die Produktivität im qualitativen Sinn als Fähigkeit zur Einführung neuer Produkte oder Dienstleistungen gesteigert werden, obwohl bei Produktivitätssteigerungen Einschränkungen der Flexibilität einhergehen. Dadurch darf Flexibilität nicht nur als Fähigkeit zur quantitativen Kapazitätsanpassung gesehen werden. Die durch die Produktion im Netzwerk ermöglichten geringen Durchlaufzeiten sorgen für einen vergleichsweise geringen Kapitaleinsatz durch hohen Lagerumschlag oder niedrige Lagerhaltung. Der Fokus liegt nicht auf Steigerung der Arbeitsproduktivität, sondern auf Steigerung der Kapitalproduktivität, wozu die Auslastung der Anlagen, Maschinen, Informationstechnik sowie der genutzte Raum gehören.[79] Von Vorteil ist die Steigerung der strategischen Flexibilität. Durch Netzwerke erhält man Zugang zu teils unerreichbaren Ressourcen oder Märkten. Zudem wird das unternehmerische Risiko gestreut. Vor allem durch externe Skalenerträge lassen sich Produktionskosten senken und Koordinationskosten auf Grund der eingespielten Praktiken verringern. Interorganisationales Lernen, die Entwicklung kooperativer Kernkompetenzen und das Erlangen von neuem Prozesswissen sowie das Abschöpfen von Regelungsarbitrage beispielsweise durch günstigere Tarifverträge aber auch die Senkung des Kapitalbedarfs können Unternehmen zusätzliche Vorteile bringen.[80] [81] [82]

Auf Grund der ausgeführten Aspekte sind Produktionsnetzwerke, sowohl in Form von global verteilten Produktionsstandor-

---

[78] Vgl. (Sydow & Möllering, 2009, p.15)

[79] Vgl. (Sydow & Möllering, 2009, p. 5)

[80] Vgl. (Sydow & Möllering, 2009, p. 17)

[81] Vgl. (Schmoll, 2001, p. 26)

[82] Vgl. (Axel Sell, 2002, p. 12)

ten, als auch in einem engen Verbund mit lokalen Zulieferern und Partnern, oft die vorteilhafteste strategische Option.[83]

Da lose Kennzahlen zu wenig Aussagekraft haben, wurden sie in diversen Instrumenten zur Leistungsbewertung eingebettet. Drei etablierte Instrumente werden in diesem Unterpunkt vorgestellt.

Das Konzept der **Balanced Scorecard** (BSC) ist in der Praxis sehr weit verbreitet und hat im Vergleich zu allen anderen Performance Measurement Konzepten größere Potenziale[84] für ein umfassendes Instrument des strategischen Managements. Im Jahr 1992 wurde es durch David Norton und Robert Kaplan veröffentlicht. Die Balanced Scorecard ist ein ausgewogenes Kennzahlensystem zur Unternehmenssteuerung, da sie sowohl finanzielle, als auch nicht-monetäre Kennzahlen beinhaltet. Ebenso sind Kennzahlen enthalten, die Ergebnisse darstellen und Triebgrößen des Erfolgs darstellen. Des Weiteren ist damit ein System gegeben, welches hilft strategische Ziele zu strukturieren, Maßnahmen zur Zielerreichung abzuleiten, strategische Messgrößen zur Zielerreichung zu ermitteln sowie die Strategierelevanz der operativen Aktivitäten aufzuzeigen. Dadurch ist nicht nur das Übersetzen einer Vision oder Strategie in bestimmte strategische Ziele und operative Steuerungsgrößen von Vorteil, sondern auch, dass die Strategie unternehmensweit anhand dieser Ziele und Größen kommuniziert und heruntergebrochen werden kann. Die Strategie wird in operative Pläne und Budgets umgesetzt und Feedback gegeben, ob die Ziele erreicht sowie Lernprozesse initiiert wurden. [85] In der folgenden Abbildung ist die Balanced Scorecard dargestellt.

[83] (Schäfer & Henry, 2011, p. 11)

[84] Vgl. (Piser, 2004, p. 167)

[85] Vgl. (Rieg, 2015, p. 157-158)

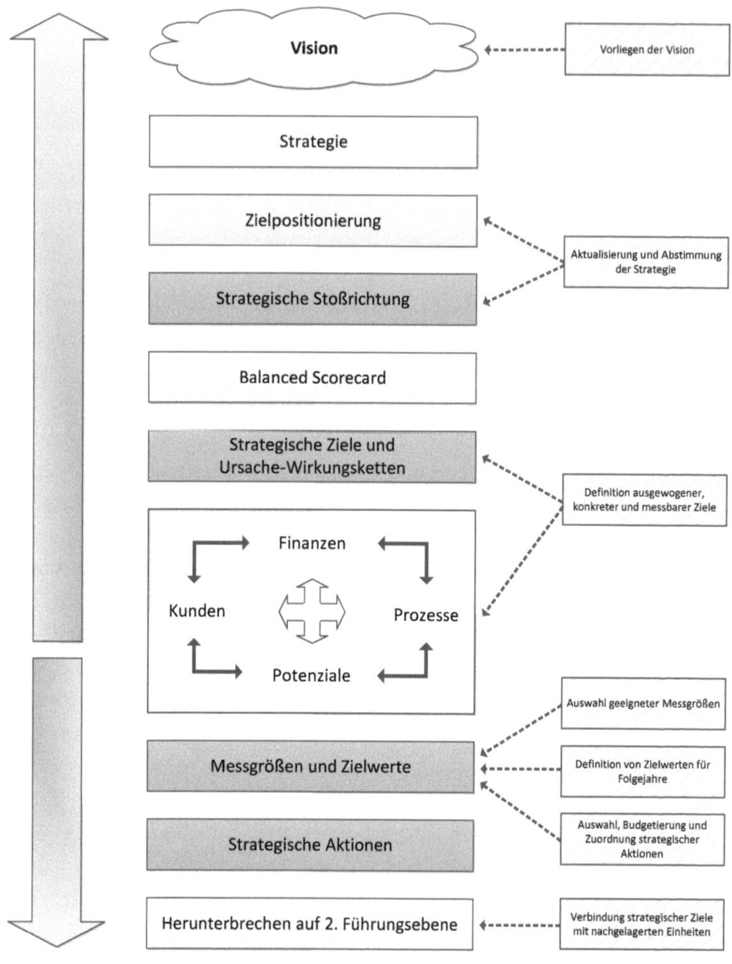

Abbildung 2: Balanced Scorecard, eigene Darstellung nach: Rieg, 2015, p.158

Die Balanced Scorecard misst die Performance eines Unternehmens und beinhaltet vier Perspektiven – Finanzen, Prozesse, Potenziale und Kunden. Alle Bereiche eines Unternehmens müssen berücksichtigt und die Leistung ausgewogen gemessen werden. Es ist darauf zu achten, dass die Performance der zu messenden Größe mit der Vision und der

Strategie konform ist.[86] Die BSC dient nicht der Strategieformulierung, sondern prüft, ob eine aktuelle und hinreichend verständliche Strategie existiert. Nach der Überprüfung erarbeitet man die strategischen Ziele, wobei auch konkret beschrieben wird, welche Mittel zum Erreichen des nachhaltigen Wettbewerbserfolgs genutzt werden. Bei einer zu allgemeinen Formulierung, wäre die BSC nicht nutzbar. Stehen die strategischen Ziele fest, werden diese Ziele verknüpft und Ursache-Wirkungsbeziehungen ermittelt. Kausale Zusammenhänge werden widergespiegelt. Die strategischen Ziele teilen sich in Treibergrößen und Ergebnisgrößen. Das deutliche Herausarbeiten der Ursache-Wirkungszusammenhänge findet in der Strategy Map (Strategie-Landkarte) statt, in der die erarbeitete Strategie auf Konsistenz und Plausibilität geprüft wird. Der größte Nutzen der Strategy Map sind Beschreibung und Kommunikation der Strategie – nicht die Strategieentwicklung – und die Ursache-Wirkungszusammenhänge. Sie erleichtern die Abstimmung zwischen verschiedenen Organisationseinheiten eines Unternehmens. Im nächsten Schritt werden für jedes strategische Ziel geeignete, outputorientierte Messgrößen gesucht, welche die Ergebnisse einer Aktivität messen. Diesen Messgrößen ordnet man anspruchsvolle, jedoch erreichbare Zielwerte zu, die sich auf denselben Zeitraum beziehen wie die erarbeitete Strategie. Orientierungshilfe für das Festsetzen der Höhe der Ziele bieten Kundenbefragungen oder Benchmarks mit anderen Unternehmen. Schließlich werden Maßnahmen zur Erreichung der Ziele erarbeitet, falls nicht schon während des Ausarbeitens der Balanced Scorecard geschehen. Die BSC hat eine Filterfunktion bezogen auf die Strategie aller Maßnahmen im Unternehmen. Sie sollte in die bestehenden Führungsinstrumente, Planungs- und Kontrollprozesse, das Berichtswesen und die Anreizsysteme einbezogen werden. Die BSC ist als kontinuierliches Instrument zwischen operativem und strategischem Management zu positionieren. Man kann Zielvorgaben für die operative Planung und Budgetierung aus dem BSC-Prozess ableiten. Somit folgt eine stärkere Ziel- und Top-down-Orientierung der Planung aus den strategischen Vorgaben der BSC.[87] Allgemein sollten die Kennzahlen der BSC ausgewogen (*balanced*) zwischen kurz- und langfristigen Zielen, zwischen vorauslaufenden und nachlaufenden Indikatoren sowie monetären und nicht-monetären Zielkennzahlen sein. Es gelten gemäß Kaplan und Norton fünf bis sieben Kennzahlen pro Perspektive, also insgesamt 20 bis 25 Kennzahlen als empfehlenswert, da dadurch die Datenflut ohne

---

[86] Vgl. (Bode, 2008, p. 70-71)

[87] Vgl. (Rieg, 2015, p. 158-161)

die Ausgrenzung wichtiger Aspekte limitiert und Transparenz geschaffen wird.[88]

Der **Quantum-Performance-Ansatz** wurde zur gleichen Zeit wie die BSC entwickelt. Das 1993 veröffentlichte Konzept dient der Optimierung der Leistungsfähigkeit eines Unternehmens mit dem Ziel der Erreichung der *Quantum Performance.* Dies ist der Grad bei dem die Services und Leistungen eines Unternehmens für die Kunden verbessert werden sollen – unter Berücksichtigung verschiedener Stakeholder, zu denen Mitarbeiter, Kunden, Aktionäre, Gesellschafter, etc. gehören. Dabei sollen die Faktoren Zeit, Qualität und Kosten bestmöglich einbezogen werden. Das den Service aus Sicht der Stakeholder abbildende Verhältnis zwischen Qualität und Zeit sowie das die Leistung darstellende Verhältnis zwischen Kosten und Qualität werden im Quantum-Performance-Ansatz fokussiert. Zur Leistungsmessung bezieht man ziel-, qualitäts- und kostenbezogene Leistungsindikatoren ein, ebenso quantitative und qualitative Performancedaten. Die Herleitung der Leistungsmaße erfolgt wie bei der BSC Top-down-Methode. Diese sind auf die Performanceziele strategiekonform abgestimmt, wobei die einzelnen Unternehmensbereiche unabhängig voneinander eigene Ziele, Strategien und Leistungsmaße festlegen können. Denn der in der folgenden Abbildung dargestellte Quantum-Performance-Ansatz kann in jedem Teil und auf jeder Leistungsebene angewandt werden.[89]

---

[88] Vgl. (Bode, 2008, p. 73)

[89] Vgl. (Bode, 2008, p. 106-107)

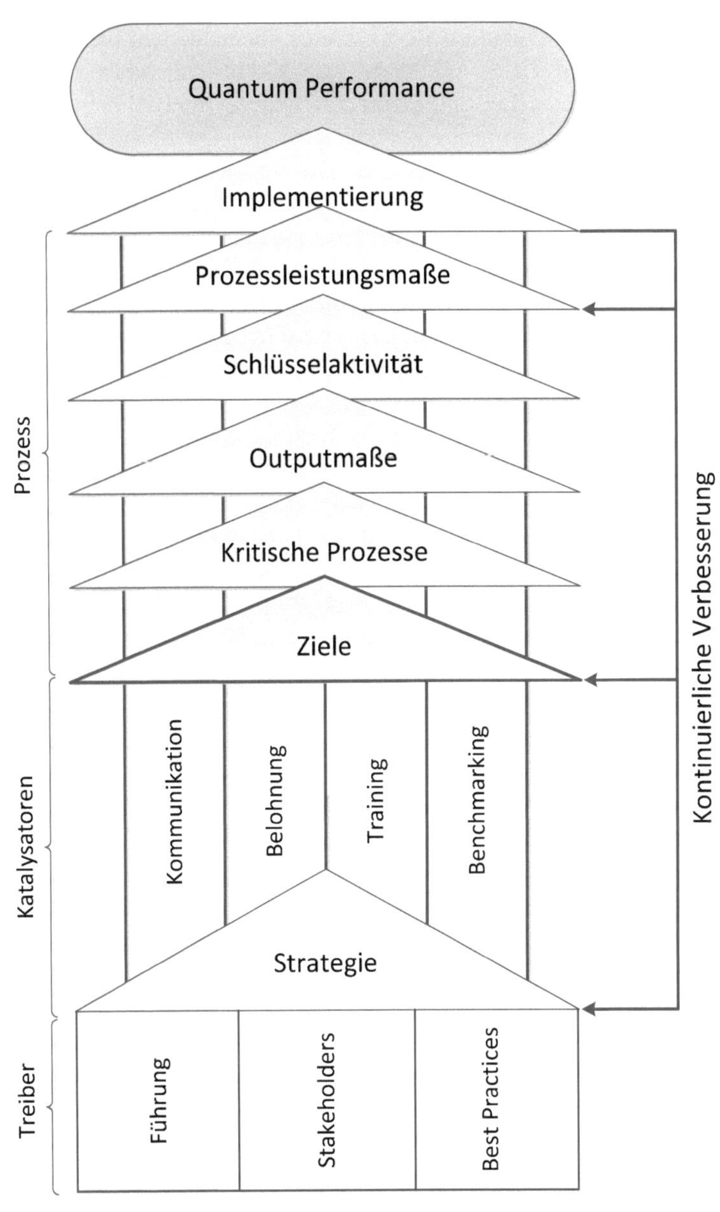

Abbildung 3: Quantum Performance-Bewertungsmodell, Quelle: Bode, 2008, p.108

Durch Quantum Performance versucht man die zusammenhängenden Zeit-, Qualitäts- und Kostenziele über Kennzahlen auf mehreren Leistungsebenen in einem Unternehmen zu verbinden. Zur Leistungsbewertung wird das Quantum Performance-Bewertungsmodell herangezogen, in dem die Integration der Mitarbeiter im Entwicklungsprozess, in der Umsetzung und Anwendung von Leistungsmaßen, sogenannten *Vital Signs*, dargestellt wird. Die Vital Signs geben den Mitarbeitern vor, welche Aktionen im Unternehmen durchzuführen sind, ob sie einen Beitrag zur Performance erbracht haben und wie gut sie dies taten. Das Bewertungsmodell ermöglicht und unterstützt die Kommunikation mit dem Ziel, Quantum Performance zu erreichen. Die Leistungstreiber Strategie, Führung, Stakeholders und Best Practices sind der Ausgangspunkt, wobei die Strategie auf den anderen drei basiert. Diese berücksichtigt zunächst Unternehmensführung, Erwartungen der Interessensgruppen sowie Best Practices im Unternehmensumfeld. Im nächsten Schritt gibt es die Katalysatoren Kommunikation, Belohnung, Training und Benchmarking, die dazu beitragen, dass neue Leistungsmaße entwickelt, implementiert und genutzt werden. Während Kommunikation die Implementierung von Leistungsmaßen fördert, optimiert das Training die Anwendung neuer Kennzahlen. Die Belohnung modifiziert die Arbeitsweise von Mitarbeitern. So ist es möglich die im Rahmen des Benchmarkings gesetzten Ziele zu erreichen. Der Prozess selbst muss strategiekonforme Performanceziele ableiten, danach kritische Prozesse identifizieren und Output-Maße zur Erfassung der Prozessergebnisse formulieren. Des Weiteren müssen Haupt- und Schlüsselaktivitäten erkannt und Prozessleistungsmaße für die Kontrolle und Steuerung der einzelnen Aktivitäten entwickelt werden. Schließlich werden zahlreiche Leistungsmaße implementiert. Die kontinuierliche Verbesserung ist das letzte Element des Quantum Performance-Bewertungsmodells. Für die Anpassung von Zielen, Leistungsmaßen und Strategien sind ständige Rückmeldungen möglich.[90]

Ein drittes System des Performance Measurements ist das zu Beginn der 60-er Jahre entwickelte **Tableau de Bord**. Übersetzt bedeutet dies Instrumentenbrett, Armaturenbrett oder Cockpit.

---

[90] Vgl. (Bode, 2008, p. 108-110)

Es wurde entwickelt, da die Informationen aus dem Rechnungswesen für produktionssteuerungsrelevante Entscheidungen sich unzureichend darstellten. Diese informieren einerseits zu spät. Andererseits sind sie hoch aggregiert, wodurch situationsspezifische Entscheidungen erschwert werden. Vor diesem Hintergrund sollte das TdB flexibel und leicht verständlich sein. Es werden auch hier monetäre und nicht-monetäre Kennzahlen verwendet. Man fokussiert erfolgsrelevante, durch die Entscheidungsträger im jeweiligen Verantwortungsbereich beeinflussbare Größen statt finanzorientierte und kurzfristige Ergebniskennzahlen. Kritische Erfolgsfaktoren sollen in ihrer Entwicklung für jeden Verantwortungsbereich und auch für das gesamte Unternehmen abgebildet werden. So ist ein knapper periodischer Überblick über die Leistungen der einzelnen Unternehmenseinheiten zu bekommen. Jedoch wird dabei nicht Vergangenes, sondern aktuelle Aktivitäten, die sich auf die Zukunft auswirken, fokussiert. Somit enthält der TdB-Ansatz im Wesentlichen relevante, lokal anfallende Informationen für einzelne Verantwortungsbereiche, wodurch Entscheidungsträgern zukünftige Entwicklungen prognostiziert werden und damit die zielgerichtete Steuerung kritischer Erfolgsfaktoren erleichtert. Die übergeordneten Unternehmensebenen werden über die Leistungen der untergeordneten Ebenen in Kenntnis gesetzt. Das Tableau de Bord hilft den einzelnen Unternehmenseinheiten, sich in den Kontext übergeordneter Unternehmensstrategien und den Verantwortungsbereichen anderer Einheiten einzugliedern. Außerdem ist es durch das TdB leichter KPIs und kritische Erfolgsfaktoren zu identifizieren.[91] Abbildung 2-3 zeigt die Struktur des Tableau de Bord.

---

[91] Vgl. (Bode, 2008, p.88-90)

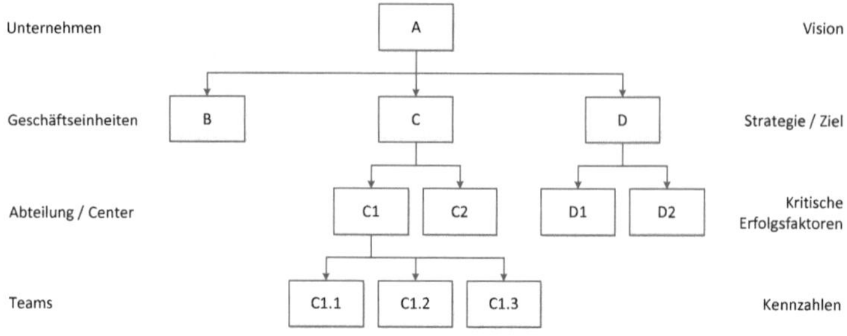

Abbildung 4: Struktur Tableau de Bord, Quelle: Bode, 2008, p. 91

Im TdB wird die Vision eines Unternehmens auf die strategischen Ziele heruntergebrochen und jedes übergeordnete Ziel in seine Bestandteile gesplittet. Die unteren Leistungsebenen formulieren ihre Ziele so, dass sie dazu beitragen die übergeordneten Ziele zu erreichen. Die strategischen Ziele dienen als Ansatzpunkte, um kritische Erfolgsfaktoren zu identifizieren und sie über KPIs festzuhalten. Es gibt unterschiedliche Ausprägungen des TdB. Es existieren Tableaus für Anlagevermögen, Abschreibungen, Rückstellungen, Entwicklungen, Qualität, Finanzen sowie für die Geschäftsführung. Zur Steuerung der beeinflussbaren Prozesse und Ressourcen muss jeder Anwender sein TdB selbst inhaltlich gliedern. Es sind keine expliziten Normvorstellungen über konkrete Inhalte vorhanden. Die Messgruppen des TdB lassen sich in drei Gruppen einteilen. Aus den operativen Plänen und den darauf abgestimmten jährlichen Budgets leitet sich die erste Gruppe mit finanziellen Kennzahlen ab. In der zweiten Gruppe sind Messgrößen von Umwelteinflüssen abgebildet. Darunter sind z. B. Informationen über Konkurrenten oder Indikatoren der Marktentwicklung. Die dritte Gruppe besteht aus Indikatoren, die aus dem Prozess zur Operationalisierung strategischer Ziele hervorgehen. Hierbei ist festzustellen, dass besonders nicht-monetäre Größen verwendet werden. Anschließend werden beim TdB die gesammelten Informationen grafisch dargestellt. Dies dient - anders als bei der konventionellen tabellarischen Darstellung - der schnelleren Informationsaufnahme durch den Lesenden und der Kombination verschiedenartiger Informationen bzw. deren Verdichtung. Jedoch sollte die Komplexität möglichst geringgehalten werden, da die Übersichtlichkeit durch eine begrenzte Anzahl an Informationen erhöht werden kann.

3.6 Ziele und Funktionen von Performance Measurement

Unternehmen haben erkannt, dass man den Erfolg nicht allein an finanziellen Leistungen messen kann, sondern auch weniger quantifizierbare Messkriterien wie Kundenzufriedenheit beachten muss. Mit Performance Measurement zielt man darauf ab die Strategieoperationalisierung und -quantifizierung zu optimieren. Es soll eine leistungs- und anspruchsgruppengerechte Formulierung von Zielen unterstützt und die Leistungstransparenz gesteigert werden. Mit Hilfe effektiverer Planungs- und Steuerungsabläufe soll die Leistung auf allen Leistungsebenen verbessert werden. Zu den Zielen gehören auch die Erhöhung der Motivation von Mitarbeitern und die Erzeugung zusätzlicher Lerneffekte. Des Weiteren zählt die Anregung leistungsebenenbezogener sowie übergreifender Kommunikationsprozesse zu den Zielen des Performance Measurements. Damit soll das Performance Measurement die Unternehmensperformance bezüglich der Unternehmensziele steuern und die kontinuierliche Verbesserung der Unternehmensperformance bewirken.

Zu den Funktionen des Performance Measurements gehört es Performanceziele festzulegen, monetäre und nichtmonetäre Kennzahlen auszuwählen, Kennzahlen exakt zu definieren. Weiterhin ist die Art und Weise der Datenerhebung festzusetzen und der Informationsfluss zu regeln. Messzyklen sind festzulegen und Kennzahlenausprägungen zu erfassen. Zusätzlich müssen Kennzahlen gepflegt und berichtet werden. Das Reporting der Messergebnisse inkludiert gegebenenfalls die Aggregation, Analyse, Auswertung sowie die Kommentierung. Schließlich muss das Performance Measurement die Erhöhung der Prozesseffizienz, die steigende Kundenorientierung, die verstärkte Konzentration auf Kernkompetenzen und die Identifikation der Zeitkomponente als Wettbewerbsfaktoren fördern. Dazu ist es notwendig, dass das Performance Measurement vergangenheits- und zukunftsorientierte Steuerungsgrößen bereitstellt, sowohl die Ansprüche interner, als auch externer Stakeholder reflektiert, qualitative Informationen integriert sowie kurz- und langfristige Überlegungen der Optimierung für alle Leistungsebenen ermöglicht. Ein gutes Performance Measurement berücksichtigt strategische und operative Kennzahlen. Daher besteht die Notwendigkeit neben rein internen, finanzwirtschaftlichen Größen auch externe und interne kundenorientierte, soziale, technologische und ökologische Kennzahlen zu messen. Sonst würden lediglich kurzfristige Effekte hervorgebracht, verbunden mit Rationalisierungen statt Verbesserungen, die ein Unternehmen zwar schlanker, jedoch nicht unbedingt gesünder werden lassen. Durch die Herleitung von Performance Indikatoren erfasst man die wichtigsten Informationen und vermeidet das Problem der weitverbreiteten Informationsüberflutung, wodurch Ressourcen bei der Informationsverarbeitung gespart werden.

3.7 Aufbau und Struktur eines Performance Measurement Systems

Der Aufbau eines Performance Measurement-Systems muss an die Ziele und Strategien eines Unternehmens angepasst sein und möglichst auf allen Ebenen eines Unternehmens, z. B. Mitarbeiter-, Prozess- und Unternehmensebene, anwendbar sein. Das Unternehmensumfeld wandelt sich stetig. Deswegen ist es unumgänglich, dass Performance Measurement-Systeme dynamisch aufgebaut sind, um auch Strategien und Kennzahlen anpassen zu können.

Die Struktur eines Performance Measurement-Systems muss unternehmensspezifisch angepasst werden, um den Informationsauftrag zu erfüllen. Dabei ist die strategische Ausrichtung eines Unternehmens genau zu beachten. Basierend auf Leistungsindikatoren ist die Struktur eines Performance Measurement-Systems für eine abgestimmte sowie in sich konsistente Informationsversorgung der unterschiedlichen organisatorischen Ebenen und Einheiten ein wesentlicher Bestandteil. Sie zielt auf eine kontinuierliche Verbesserung ab. In Einzelfällen kann dies auch zu einer sprunghaften Verbesserung führen, wenn Non-Value Added Activities eliminiert werden. Man richtet die Struktur so aus, dass abweichende Interessen der relevanten Stakeholder ausgeglichen werden und dass der strategische Informationsbedarf an die Wertschöpfungskette angelehnt wird. Die Struktur von Performance Measurement-Systemen bietet die Möglichkeit Maßnahmen zur Verbesserung der bestehenden Leistungssituation abzuleiten.

4 Stand der Forschung „Identifikation der Kennzahlen“

Für die Bestimmung eines optimalen Produktionsnetzwerkes ist ein auf Kostenvergleiche abzielendes, ökonomisches Kalkül nicht ausreichend. Aus diesem Grund müssen Kennzahlen und Indikatoren identifiziert werden, die dazu dienen, die Leistung von Produktionsnetzwerken zu messen. Im Rahmen dieser Arbeit werden Leistungsmetriken zur Leistungs- bzw. Erfolgsmessung von Produktionsnetzwerken innerhalb eines Unternehmens sowie den direkt benachbarten Knoten betrachtet.

4.1 Systematische Literaturanalyse

Bei der Leistungserstellung im Netzwerk hat die Beschaffung eine zentrale Funktion. Der Prozess der Leistungserstellung wird in die phasenspezifischen Subsysteme Beschaffung, Produktion, Distribution und Entsorgung gegliedert. So ergibt sich die Überlegung zunächst die Kategorien Ressourcen, Materialversorgung/-wirtschaft, Logistik und Fertigung/Verarbeitung/Prozess festzulegen, nach denen die Metriken gefundener Veröffentlichungen selektiert werden. Im Laufe der Literaturanalyse werden die Kategorien modifiziert. Bei der Literaturanalyse werden die Keywords wie Metriken, Kennzahlen, Indikatoren, KPI, Produktionsnetzwerk sowie deren Übersetzung ins Englische verwendet. Über Hochschulbibliotheken, „Google Scholar“, „Scopus“ etc. wird nach Büchern, Journals und sonstigen Veröffentlichungen auf Deutsch und Englisch recherchiert. Um eine Analyse auf aktuellem Wissens- und Forschungsstand sicherzustellen, wird dabei nur Literatur aus den Jahren 2012 bis 2016 berücksichtigt. Im folgenden Unterkapitel werden die gefundenen Leistungsmetriken zusammengetragen.

4.2 Ergebnisse

In der Literatur wurden zahlreiche Metriken gefunden, die für Produktionsnetzwerke relevant sein können. Diese werden hier zunächst alphabetisch geordnet aufgeführt und anschließend erläutert.

- Agilität
- Anlaufkosten
- Anzahl der Aufträge
- Auftragserfüllungsrate
- Auslaufkosten
- Ausschussquote
- Bereitstellungskosten
- Beschaffungskosten
- Bestandskosten
- Deckung der Kundennachfrage
- Durchlaufzeit
- Durchsatz
- Earnings before Interest, Tax, Depreciation, and Amortization
- Energiekosten
- Fachkräftequalifikation
- Fehlmenge
- Flexibilität
- Gesamtkosten
- Gewinn
- Herstellkosten
- Implementierungskosten
- Infrastruktur
- Kapitalbindungskosten
- Kosten
- Kosten bei Wechsel zwischen zwei Konfigurationen des Produktionsnetzwerks

- Lieferbereitschaftsgrad
- Lieferflexibilität
- Liefermengenabweichung
- Lieferqualität
- Lieferterminabweichung
- Lieferzeit
- Local-Content
- Logistikkosten
- Lohnkosten
- Marktnähe
- Maschinenfähigkeit
- Materialkosten
- Mindestauslastung/ Kapazität
- Mitarbeiterauslastung
- Nacharbeitsquote
- Net Cash Flow
- Net Present Value
- Overheadkosten
- Politische und wirtschaftliche Stabilität
- Produktionskosten
- Produktionsmenge
- Produktionsrate
- Produktivität
- Prognosequalität
- Prozessfähigkeit und -sicherheit
- Qualität /Qualitätsrate
- Reaktionsfähigkeit
- Reklamationsquote
- Rekonfigurierbarkeit
- Return on Assets
- Return on Investment
- Return on Sales
- Schadenfreiheit
- Skaleneffekte
- Standortqualifikation

- Synergieeffekte/ Einsparungen
- Taktzeit
- Termintreue
- Transporteffizienz
- Transportfrequenz
- Transportkosten
- Umrüstbarkeit
- Volumenflexibilität
- Variantenflexibilität
- Wachstum(srate)
- Wandlungsfähigkeit

Von zentraler Bedeutung bei Produktionsnetzwerken sind finanzielle Metriken. Diese spielen vor allem bei der Standortwahl und der Gestaltung eines Produktionsnetzwerks eine wichtige Rolle. Allgemein ist festzustellen: Je weniger komplex ein Produktionsnetzwerk ist, umso geringer sind die Kosten und die Gesamtperformance des Netzwerks. Für eine ganzheitliche Bewertung müssen sämtliche Kosten betrachtet werden. Dazu gehören Lohnkosten, Kapitalbindungs-, Material-, Transport- sowie Energiekosten, ebenso wie Kosten, die beim Wechsel zwischen zwei Konfigurationen des Produktionsnetzwerkes entstehen – Auslaufkosten und Anlaufkosten eines Standorts bzw. einer Technologie. Die Gesamtkosten können in Produktions- und Logistikkosten unterteilt werden. Zu den Produktionskosten zählen Overhead-, Bereitstellungs- und Implementierungskosten, welche die indirekten Kosten wie Management- oder Verwaltungsaufgaben oder Prozessentwicklung umfassen. Weiterhin können Bereitstellungskosten in Herstell- und Beschaffungskosten untergliedert werden. Letztere beziehen sich auf die Beschaffung fremdbezogener Erzeugnisse von Lieferanten für Komponenten und Materialien für den Prozess der Produktentstehung. Implementierungskosten von Technologien und Herstellkosten entstehen bei eigens produzierten Erzeugnissen. Kosten unterscheidet man auch in fixe und variable Kosten. Zu den fixen Kosten zählen Overhead-, Raum-, Abschreibungs- und Lohnkosten, zu den variablen Kosten gehören Werkzeugkosten, Energie-, Material- und Qualitätskosten. Zur Ermittlung der Produktionskosten des

Produktionsnetzwerks resultiert folgende Metrik, bei der man die Produktionskosten KS_s aller aktiven Standorte zu den Produktionskosten für den gesamten Planungshorizont aufsummiert:

$$K_{Produktion} = \sum_{s=1}^{S} KS_s = \sum_{s=1}^{S} KSO_s + KSOA_s + KST_s + KSTA_s + KSB_s$$

KSO entspricht den anfallenden Overheadkosten eines Standorts während eines Planungshorizonts. Die **Overheadkosten** für jeden Standort *s* abhängig von der Produktionsmenge x_{pwst}:

$$KSO_s = \sum_{\tau=1}^{T} X_s^{\tau} \left(KSO_{\tau s}^{fix} + KSO_{\tau s}^{var} \times \sum_{p=1}^{P} \sum_{w=1}^{W} \sum_{\tau=1}^{T} x_{\tau pwst} \right)$$

Mit *KSOA* erweitert man die **Anlauf-** und **Auslaufkosten** eines Standortes, vorausgesetzt, dass dieser geöffnet oder geschlossen wird.

$$KSOA_s = \sum_{\tau=1}^{T} \left(X_s^{\tau} \times (1 - X_s^{\tau-1}) \times KSO_s^{Anlauf} \right) + \left(X_s^{\tau-1} \times (1 - X_s^{\tau}) \times KSO_s^{Auslauf} \right)$$

KST beschreibt die **Herstellkosten** eines Standortes aller Technologien, die zu dieser Zeit in Betrieb sind.

$$KST_s = \sum_{\tau=1}^{T} \sum_{t=1}^{T} Y_{st}^{\tau} \times \left[KST_{\tau st}^{fix} + KST_{\tau st}^{var} \times \sum_{P=1}^{P} \sum_{w=1}^{W} \left(PZ_{stpw} \times x_{\tau pwst} \right) \right]$$

KSTA sind die **An-** und **Auslaufkosten** einer Technologie an einem Standort.

$$KSTA_s = \sum_{\tau=1}^{T} \sum_{t=1}^{T} (Y_{st}^{\tau} \times (1 - Y_{st}^{\tau-1}) \times K\,ST_t^{Anlauf} + \left(Y_{st}^{\tau-1} \times (1 - Y_{st}^{\tau}) \times KST_t^{Auslauf} \right)$$

KSB drückt die **Beschaffungskosten** eines Standortes für Material und Komponenten aus, welche man für die Herstellung der erzeugten Produkte am Standort im Laufe eines Planungshorizontes benötigt. Der erste Summand berücksichtigt die Kosten für Materialien von Lieferanten, die zur Eigenfertigung benötigt werden, der zweite Summand alle Kosten für Zwischenerzeugnisse von Komponentenlieferanten.[92]

$$KSB_s = \sum_{\tau=1}^{T} \sum_{p=1}^{P} \sum_{l=1}^{L} \sum_{m=1}^{M} \sum_{v=1}^{V} LPreis_{lm}^{\tau} \times t_{\tau lspmv} + \sum_{\tau=1}^{T} \sum_{p=1}^{P} \sum_{z=1}^{Z} \sum_{w=1}^{W} \sum_{v=1}^{V} Z\,Preis_{zpw}^{\tau} \times t_{\tau zspwv}$$

Die **Logistikkosten** sind Bestandteil der Gesamtkosten und durch komplexe Warenströme geprägt. Sie setzen sich aus **Bestands-** und **Transportkosten**[93] zusammen:[94]

$$K_{Logistik} = K_T + K_B$$

Die Transportkosten lassen sich auch als **Transporteffizienz**, d.h. die „Menge an Produkten pro Transport“ sowie die „**Transportfrequenz** pro Zeitraum“ festlegen[95]. Transportentfernung sowie –modus beeinflussen die Logistikkosten. Hinsichtlich der Logistikkosten sind auch Zölle und Steuern zu berücksichtigen, die im Ausland entstehen können.[96] Beispielsweise ist zu beachten, dass Gebühren an Seehäfen oder Flughäfen und Zölle stark schwanken.[97]

Der sogenannte **Net Cash Flow** bietet Produktionsnetzwerken eine Übersicht über die Liquiditätssituation. Der Cash Flow setzt sich zusammen aus den Produktionskosten, den Transportkosten, den Investitionskosten, den Fehlmengen und den Gebüh-

[92] Vgl. (Moser, 2014, p. 60-62)

[93] Vgl. (Häntsch & Huchzermeier, 2016, p. 112)

[94] Vgl. (Moser, 2014, p. 62)

[95] (Lanza et al., 2012, p. 625)

[96] Vgl. (Häntsch & Huchzermeier, 2016, p. 112-113)

[97] Vgl. (Moser, 2014, p.62)

ren abzüglich der Vergünstigungen.[98] Ebenso betrachten Produktionsnetzwerke auch den **Gewinn**.[99]

Der **Net Present Value** (NPV) wird herangezogen, um die Profitabilität von Investitionen vergleichen zu können.[100] Der **Return on Invest** (ROI) beschreibt die Rendite.[101] Die **Earnings before Interest, Tax, Depreciation, and Amortization** (EBITDA), die **Return on Assets** (ROA) sowie die **Return on Sales** (ROS) können als Metriken ebenfalls herangezogen werden.[102]

Neben den finanziellen Metriken werden zahlreiche nicht-monetäre Metriken aufgeführt:

Flexibilität[103]– früher als Elastizität beschrieben - wird mehrfach in der Literatur als Metrik genannt. Sie umschreibt die Fähigkeit der Nutzung von vorhandenen Handlungsspielräumen, dem sogenannten Flexibilitätskorridor, innerhalb eines etablierten Systems und dabei kostengünstig und schnell anpassen zu können.[104] Flexibilität kann in Volumen- und Variantenflexibilität differenziert werden.

Volumenflexibilität bezeichnet die Anpassungsfähigkeit des Netzwerks an kurzfristige Veränderungen der Kundennachfrage und sagt aus, wie viele zusätzliche Produktionsmengen durch freie Kapazitäten der Standorte innerhalb des Netzwerks hervorgebracht werden können. Sie wird durch folgende Formel definiert:[105]

---

98 Vgl. (Häntsch & Huchzermeier, 2016, pp. 113,116)

99 Vgl. (Rossi, 2013, p. 229)

100 Vgl. (Schnellbach & Reinhart, 2015, p. 496)

101 Vgl. (Schnellbach & Reinhart, 2015, p. 496)

102 Vgl. (Zschoche, 2015, p. 2)

103 Vgl. (Mourtzis & Doukas, 2014, p. 2)

104 Vgl. (Moser, 2014, p. 11)

105 Vgl. (Moser, 2014, p. 68-69)

$$F_{\text{Volumen}} = \frac{1}{TP} \times \sum_{\tau=1}^{T} \sum_{p=1}^{P} \text{PKap}\,\tau_{\text{p}}$$

Die Volumenflexibilität wird über alle Produkte p und betrachteten Zeitpunkte ermittelt. Die freie Kapazität der Standorte für die entsprechende Produktionsstufe w, mit:

$$\text{PW Kap}\,\tau_{\text{pw}} = \sum_{s=1}^{S} \sum_{t=1}^{T} \left[\frac{Y_{st}^{\tau} \times \text{T Kap}_{t}^{\tau} - \sum_{p=1}^{P} \sum_{w=1}^{W_p} x_{\tau pwst} \times PZ_{stpw}}{PZ_{stpw}} \right]$$

PZ bezeichnet die Produktionszeit, T Kap_t^{τ} die zur Verfügung stehenden Produktionsstunden einer Technologie.[106]

Variantenflexibilität[107] ist die Fähigkeit „Produkte mit unterschiedlichen Eigenschaften (Varianten) herzustellen"[108]. Sie hängt von der Anzahl der Varianten ab, die auf derselben Anlage produziert werden kann. Die Variantenflexibilität zählt als „Eigenschaft der Maschinen und Anlagen des Produktionsnetzwerks, also der technologischen Konfiguration an den Standorten"[109].

$$F_{\text{Varianten}} = \frac{1}{T} \times \sum_{\tau=1}^{T} \times \frac{\sum_{s=1}^{S} SVar_{s}^{\tau}}{S}$$

$\text{SVar}_{\text{s}}^{\text{T}}$ „ist der relative Anteil der Anzahl an einem Standort durchführbarer Produktionsschritte aller Produkte *p* je Zeitabschnitt τ"[110].

$$\text{SVar}_{\text{s}}^{\tau} = \frac{\sum_{p=1}^{P} \sum_{w=1}^{W_p} \max\{Y_{st}^{\tau} \times TPW_{tpw}\}}{\sum_{p=1}^{P} Wp}$$

Eine Erweiterung der Flexibilität, die als wichtige Zielgröße in der Gestaltung und Planung anerkannt ist, ist die **Wandlungs-**

---

106 Vgl. (Moser, 2014, p. 68)

107 Vgl. (Häntsch & Huchzermeier, 2016, p. 113)

108 (Moser, 2014, p. 69)

109 (Moser, 2014, p. 69)

110 (Moser, 2014, p. 70)

fähigkeit. Die Literatur zeigt anhand der Dimensionen Marktleistungsebene und Produktionssystemebene nach Ressourcensicht eine mögliche Abgrenzung von fünf Klassen. Dabei schließt der Begriff auf der nächsthöheren Ebene alle darunter liegenden Begriffe und deren Eigenschaften ein. Als kleinste Unternehmensebene gilt die Station, wo Mitarbeiter eine definierte Operation durchführen. Für die Bearbeitung eines anderen Werkstücks kann die Maschine umgerüstet werden. Somit ist die unterste Ebene der Veränderungsfähigkeit die **Umrüstbarkeit**. Die nächste Ebene beinhaltet eine Linie oder Zelle, welche um Betriebseinheiten reduziert bzw. erweitert werden kann. Hierbei spricht man von **Rekonfigurierbarkeit**[111]. Segmente, in denen man Komponenten produziert, erhält man durch das Zusammenfassen von Linien oder Zellen. **Flexibilität** umschreibt die Fähigkeit dieser Bereiche, die Produktion mit neuen Anforderungen in Einklang zu bringen. **Wandlungsfähigkeit** beschreibt die Fähigkeit, die Struktur einer Fabrik zu modifizieren. Als höchste Ebene gilt die **Agilität**, bei der die Veränderungsfähigkeit des kompletten Produktportfolios und eines gesamten Produktionsnetzwerkes berücksichtigt wird. Änderungen der Agilität können Auswirkungen auf das Gesamt-Produktportfolio und auf die Standortstruktur nach sich ziehen.[112]

---

[111] Vgl. (Mourtzis & Doukas, 2014, p. 2)

[112] Vgl. (Moser, 2014, p. 12-13)

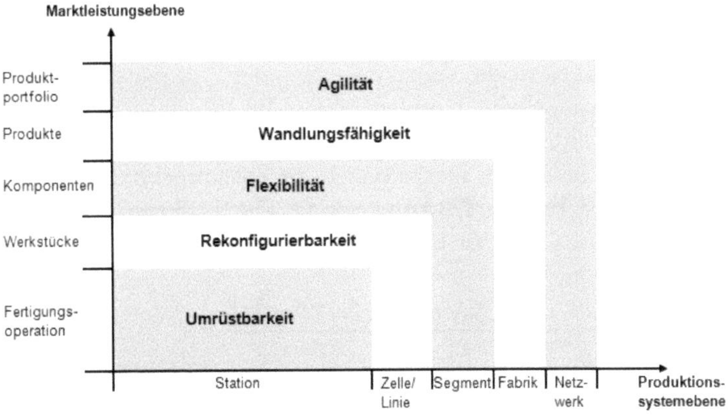

Abbildung 5: Veränderungsfähigkeit, Quelle: Moser, 2014, p.13

Im Rahmen der Anpassung der Kapazität bei schwankender Produktion können die **Produktionsrate** und die **Taktzeit** sowie die **Auftragserfüllungsrate** betrachtet werden.[113]

Von Bedeutung ist hierbei die Metrik **Marktnähe** MN^{T}, die zeigt, dass produziert wird und dass das Produkt gleichzeitig innerhalb eines Landes oder Wirtschaftsraumes abgesetzt wird. Der Zähler stellt die kumulierte Nachfrage dar, für welche ein marktnaher Standort im Netzwerk vorhanden ist. Im Nenner ist die Gesamtnachfrage aufsummiert.

$$\mathrm{MN}^{\tau} = \frac{\sum_{p=1}^{P} \sum_{n=1}^{N} \sum_{k=1}^{K} [KN_{kn} \times KDem_{kp}^{\tau} \times min\,\{1, \sum_{s=1}^{S}(X_s^{\tau} \times SN_{sn}\}]}{\sum_{p=1}^{P} \sum_{n=1}^{N} \sum_{k=1}^{K} [KN_{kn} \times KDem_{kp}^{\tau}]}$$

Für den wirtschaftlichen Erfolg sind eine starke Kundenbindung und die Machtverhältnisse vor Ort bedeutend. Durch die Nähe zum Kunden ermöglicht man Optimierungspotentiale oder man leitet neue Anwendungen ab. Falls vorhanden ist Service am Standort im Tagesgeschäft wertvoll. So können Störungen schneller behoben oder Rückläufer bequemer abgewickelt werden. **Reaktionsfähigkeit** ist von der Marktnähe abhängig.[114] [115]

---

[113] Vgl. (Volling et al., 2013, p. 242)

[114] Vgl. (Moser, 2014, p. 75)

Aus Sicht des Kunden sind die **Lieferzeit**[116] und die **Lieferflexibilität**[117] entscheidende Kriterien bei der Auftragsvergabe. Die Lieferzeit ist die Zeitspanne zwischen Auftragseingang bis zur Auslieferung beim Kunden und sollte möglichst kurz sein. Allerdings werden die Eingangsmaterialien meist erst bei Auftragseingang beschafft. Deshalb steht in Zusammenhang mit der Lieferzeit der Faktor **Termintreue.**[118] Die Lieferzeit kann auf folgende Weise ausgedrückt werden: [119]

$$LZ = \sum_{\tau=1}^{T} \frac{1}{T} \times \frac{\sum_{p=1}^{P} (LZ_p^\tau \times \sum_{k=1}^{K} KDem_{kp}^\tau)}{\sum_{p=1}^{P} \quad \sum_{k=1}^{K} KDem_{kp}^\tau}$$

Die **Standortqualifikation** fasst politische und wirtschaftliche Stabilität, Infrastruktur sowie die Fachkräftequalifikation zusammen. Diese hängen von der geographischen Lage der Standorte sowie den Eigenschaften der Nationen ab. Der BERI-Index (Business Environment Risk Information) ist einer der bekanntesten Indizes zur Bewertung von Länderrisiken. Er quantifiziert die politische und wirtschaftliche Stabilität von Standorten. Die Skala des BERI-Indizes umfasst Werte von 0 bis 100, wobei 0 ein inakzeptables Risiko darstellt und 100 ein hervorragendes und stabiles Geschäftsklima auszeichnet. Über die kumulierte Abweichung der BERI-Indizes der aktiven Standorte vom Bestwert der möglichen Standorte des Netzwerks je Zeitpunkt erfolgt die Metrik zur Messung der **politischen und wirtschaftlichen Stabilität:**[120]

$$SF_1^\tau = \sum_{s=1}^{S} \left[X_s^\tau \times \sum_{n=1}^{N} SN_{sn} \times \left(\max\left\{ N\,Beri_{n_j}^\tau \times SN_{s_j n_j} \right\} - NBeri_n^\tau \right) \right]$$

---

[115] Vgl. (Lindström & Polsa, 2016, p. 213)

[116] Vgl. (Häntsch & Huchzermeier, 2016, p. 113)

[117] Vgl. (Rachow, Westphal, & Ullmann, 2013, p. 661)

[118] Vgl. (Rachow et al., 2013, p. 661)

[119] Vgl. (Moser, 2014, p. 65-66)

[120] Vgl. (Moser, 2014, p. 76)

Nun kann der Nutzen einer Konfiguration bezüglich der politischen und wirtschaftlichen Stabilität ermittelt werden, mit:

$$u_1\,(Konf) = \sum_{t=1}^{T} \frac{1}{T} \times \left(1 - \frac{SF_1^T}{SF_1^{\tau\, max}}\right)$$

Mit:

$$SF_1^{\tau\, max}\, \text{S} \times = SF_1^{\tau\, max} \left[\max_{n=1,\dots N} \{NBeri_n^{\tau}\} - \min_{n=1,\dots,N} \{NBeri_n^{\tau}\} \right]$$

Die Abweichung SF_1wird innerhalb von Schranken betrachtet. Hier wird von einer oberen Schranke ausgegangen, die nie übertroffen und ausschließlich im Extremfall erreicht werden kann. Dadurch ist der Nutzen einer Konfiguration hinsichtlich der politischen und wirtschaftlichen Stabilität in SF_1monoton fallend.[121]

Die **Infrastruktur** gilt als wesentlicher Entscheidungsfaktor von Produktionsrückverlagerungen aus Billiglohnländern, da sie - im Falle schlechter Infrastruktur - Unzuverlässigkeit bei der Lieferung und unvorhergesehene Logistik-Kosten nach sich zieht. Zur Infrastruktur gehören verschiedene Arten, z. B. Informations-, Kommunikations-, Versorgungs- und Verkehrsinfrastruktur. Der Infrastrukturindex $SInfra_s^{\tau}$ für jeden Standort s bewertet ebenfalls auf einer Skala von 0 bis 100 lokale Gegebenheiten je Zeitschritt τ, so dass die kumulierte Abweichung der Infrastrukturwerte der aktiven Standorte der Netzwerkkonfiguration vom bestmöglichen Infrastrukturwert berechnet werden kann:[122]

$$SF_2^{\tau} = \sum_{s=1}^{S} \left[X_s^{\tau} \times \left(\max_{s_{j=1,\dots,S}} \{SInfrai_{s_i}^{\tau}\} - SInfrai_{s_i}^{\tau} \right) \right]$$

Analog zur politischen und wirtschaftlichen Stabilität gibt es einen unteren Grenzwert von 0 und einen oberen von:

---

121 Vgl. (Moser, 2014, p. 76-77)

122 Vgl. (Moser, 2014, p. 77)

$$SF_2^{\tau\,max} = \mathrm{S} \times \left[\max_{s=1,\dots,S}\{SInfra_s^\tau\} - \min_{s=1,\dots,S}\{SInfra_s^\tau\}\right]$$

Daraus lässt sich der Nutzen einer Konfiguration hinsichtlich der **Infrastruktur** als Mittelwert berechnen:

$$u_2\,(Konf) = \sum\nolimits_{t=1}^{T} \frac{1}{T} \times \left(1 - \frac{SF_2^\tau}{SF_2^{\tau\,max}}\right)$$

Ein breites Kommunikationsnetz ermöglicht es Motivation, Ziele und Strategien zu vermitteln.[123] Durch Kommunikation werden Beziehungen im Netzwerk aufgebaut, wodurch ein Vertrauensverhältnis entsteht. Wissen wird geteilt, aber ebenso Risiken. Konflikte können durch gute Kommunikation gelöst werden. Diese sollte durch IT unterstützt werden.[124]

Zur Herleitung der Metrik SF_3 kann der Nutzen einer Konfiguration bezüglich der **Fachkräftequalifikation** analog zu den obenstehenden Formeln hergeleitet werden. Hierbei wird der Parameter $SInfra_s^\tau$ durch $SFachQual_s^\tau$ substituiert. $SFachQual_s^\tau$ muss vom Anwender vorgegeben werden. Weiter ergibt sich folgender Nutzen:[125]

$$u_3\,(Konf) = \sum\nolimits_{t=1}^{T} \frac{1}{T} \times \left(1 - \frac{SF_3^T}{SF_3^{\tau\,max}}\right)$$

Die Qualifikation des Personals kann durch Schulungen verbessert werden.[126] Das Generieren und Integrieren, der Austausch sowie die Übernahme von Wissen zählen in Produktionsnetzwerken zu den entscheidenden Grundlagen. Lernprozesse, das Verbreiten von technologischem Wissen und innovative Aktivitäten sollten gefördert werden. Durch das Teilen von Wissen können Zeit sowie Forschungs- und Entwicklungskosten gespart

---

123 Vgl. (Cabanelas, Cabanelas Omil, & Vázquez, 2013, p. 994)

124 Vgl. (Lindström & Polsa, 2016, p. 209)

125 Vgl. (Moser, 2014, p. 77-78)

126 Vgl. (Rossi, 2013, p. 231)

und das Image verbessert werden. Die Fähigkeit in einem Netzwerk zusammen arbeiten zu können, hängt davon ab, ob beteiligte Personen und Organisationen die verschiedenen Formen von Wissen mit unterschiedlichen Strategien und Zielen effizient kombinieren können. Soziale Faktoren, die innere Einstellung und der kulturelle Hintergrund beeinflussen diese Fähigkeit.[127] Die personellen Ressourcen sind ein wichtiger Faktor für den Erfolg eines Produktionsnetzwerks.[128]

Die **Kundennachfrage**[129] muss im Netzwerk immer bedient werden, so dass für die Nachfrage jedes Kunden $K\ Dem^{\tau}$ nach einem Produkt über die Transportmenge $t_{\tau\ skpv}$ des Produkts von Standorten verschiedene Transportmodi v verwendend, gilt:[130]

$$\sum_{s=1}^{S} \quad \sum_{v=1}^{V} t_{\tau\ skpv} = K\ Dem_{kp}^{\tau}$$

Zusätzlich muss die Transportmenge $t_{\tau\ skpv}$ eines Endproduktes von einem Standort der produzierten Menge am jeweiligen Standort entsprechen. Alle Technologien sind zu berücksichtigen. Dadurch gilt die Abhängigkeit:[131]

$$\sum_{k=1}^{K} \quad \sum_{v=1}^{V} t_{\tau\ skpv} = \sum_{t=1}^{T} x_{\tau p W_p st}$$

Damit wird sichergestellt, dass exakt die Menge eines Endprodukts, die gemäß der Konfiguration hergestellt wird, auch abtransportiert wird.

Für die Deckung der Nachfrage können **Fehlmengen** entstehen. Diese finden bei Produktionsnetzwerken Beachtung.[132]

---

127 Vgl (Cabanelas et al., 2013, pp. 993, 999)

128 Vgl. (Lindström & Polsa, 2016, p. 213)

129 Vgl. (Häntsch & Huchzermeier, 2016, p. 119)

130 Vgl. (Moser, 2014, p. 78-79)

131 Vgl. (Moser, 2014, p.79)

132 Vgl. (Häntsch & Huchzermeier, 2016, p. 119)

Damit Kunden zufrieden sind und kein schlechtes Image eines Produktes entsteht, ist auf die entsprechende **Qualität** zu achten, da durch die verursachten Fehlerkosten mit operativen Fehlerbeseitigungskosten und strategischen Folgekosten gerechnet werden muss. Qualität ist schwer fassbar, wird aber durch Faktoren wie Produktprestige, Produktdesign, Produktnovität, After Sales Support und Lieferzuverlässigkeit geprägt. Des Weiteren hängt Qualität von den verarbeiteten Materialien LQ_l^τ und Komponenten ZQ_z^τ, von den Fähigkeiten und Qualitätseigenschaften des Produktionsstandortes SQ_s^τ sowie den verwendeten Fertigungsverfahren ab:[133]

$$Q = \sum_{\tau=1}^{T} \frac{1}{T} \times \frac{\sum_{p=1}^{P}\left(PQ_p^\tau \times \sum_{k=1}^{K} KDem_{kp}^\tau\right)}{\sum_{p=1}^{P} \quad \sum_{k=1}^{K} KDem_{kp}^\tau}$$

Zu den Fähigkeiten zählen die **Maschinenfähigkeiten** oder die Fähigkeiten der Anlangen und Werkzeuge, die notwendig sind, um die jeweiligen Produkte mit dem entsprechenden Prozess herstellen zu können.[134] Im Rahmen der **Prozessfähigkeit und -sicherheit** werden folgende Metriken aufgeführt: **Schadenfreiheit**, **Lieferqualität**, **Lieferterminabweichung**, **Liefermengenabweichung**, **Reklamationsquote**, **Nacharbeitsquote**, **Ausschussquote**, **Lieferbereitschaftsgrad**, **Prognosequalität** und die **Anzahl der Aufträge**.[135] Es gibt auch eine logistische Prozessfähigkeit, die die Grundvoraussetzung dafür ist, dass eine Leistung erbracht werden kann. Sie drückt aus, „ob ein Produktionsnetzwerk in der Lage ist als solches zu funktionieren und ein Zusammenspiel aller Partner zu ermöglichen.“[136]

Eine Produktionsaktivität an einem Standort s auf installierter Technologie t darf die **Mindestauslastung** *MindestProd* nicht

---

[133] Vgl. (Moser, 2014, p. 67-68)

[134] Vgl. (Lanza et al., 2012, p. 624)

[135] Vgl. (Rachow et al., 2013, p. 662)

[136] (Rachow et al., 2013, p. 662)

unterschreiten. Die Produktionszeit muss mindestens so groß sein wie die Mindestanforderung:[137]

$$\sum_{p=1}^{P} \quad \sum_{w=1}^{W_p} x_{\tau pwst} \times PZ_{stpw} \geq MindestProd \times T\ Kap_t^{\tau} \times Y_{st}^{\tau}$$

Weiterhin ist festzustellen, dass mit Erhöhung der Kapazität der Durchsatz erhöht wird, Warteschlangen dadurch reduziert werden und damit auch die Wartezeiten.[138] Jedoch darf die Grenze der Leistungsfähigkeit bzw. **Kapazität** nicht überschritten werden.[139]

Ebenso kann die **Mitarbeiterauslastung** berücksichtigt werden.[140]

Oft wird ein lokal zu erbringender Wertanteil innerhalb eines Landes von einer Nation n vorgegeben. Diesen Anteil „an lokal entstandener Wertschöpfung am Wert dort abgesetzter Endprodukte“[141] bezeichnet man als **Local-Content**, der sich folgendermaßen berechnen lässt:

$$VL_{n_i}^{\tau} = LoCont_{n_i}^{\tau} \times \sum_{k=1}^{K} \quad \sum_{p=1}^{P} \left[K\ Dem_{kp}^{\tau} \times K\ Preis_{kp}^{\tau} \times K\ N_{kn_i}\right]$$

Den Wert der lokal zu bedienenden Nachfrage bewertet man mit dem lokalen Absatzpreis. Es werden ausschließlich Kunden berücksichtigt, die sich in der betrachteten Nation befinden.

Eine weitere Möglichkeit die Leistung in einem Produktionsnetzwerk abzubilden, wäre den **Durchsatz**, den **Output** (Produktionsmenge) oder die **Produktivität**[142] zu messen. Die **Produktionsrate** und die **Taktzeit** geben auch Aufschluss über die

[137] Vgl. (Moser, 2014, p. 82)

[138] Vgl. (Blunck, Vican, Becker, & Windt, 2014, p. 51)

[139] Vgl. (Häntsch & Huchzermeier, 2016, p. 119)

[140] Vgl. (Lanza et al., 2012, p. 626)

[141] (Moser, 2014, p. 83-84)

[142] Vgl (Mourtzis & Doukas, 2014, p. 6)

Leistung in der Produktion.[143] In Zusammenhang mit der Produktivität stehen **Skaleneffekte** (Economies of Scale), durch die die Performance im Produktionsnetzwerk verbessert werden kann und dadurch eine Reduktion von Kosten möglich ist.[144] **Synergieeffekte** können Wettbewerbsvorteile bringen und die Kosten reduzieren.[145] Die Produktivität kann auch mit Hilfe der **Overall Equipment Effectiveness** ausgedrückt werden.[146] Durch Kommunikation im Produktionsnetzwerk kann vor- oder nachgelagerten Stellen ein Feedback über den jeweiligen Stand gegeben werden, wodurch Dynamik im Prozessfluss erreicht wird und der Bedarf am Markt besser gedeckt werden kann. Es ist empfehlenswert die Netzwerkmitglieder auch monatlich über den Durchsatz und Output zu informieren, um einerseits die Motivation der Netzwerkmitglieder aufrecht zu erhalten und andererseits kritische Stellen zu verdeutlichen[147] Auch die **Durchlaufzeit** ist für viele Produktionsnetzwerke eine relevante Metrik.[148] Die **Wachstumsrate** taucht als Metrik für Produktionsnetzwerke auf.[149]

---

143 Vgl. (Volling et al., 2013, p. 242)

144 Vgl (Mourtzis & Doukas, 2014, p. 4)

145 Vgl. (Lanza et al., 2012, p. 623)

146 Vgl. (Schnellbach & Reinhart, 2015, p. 495)

147 Vgl. (Cabanelas et al., 2013, p. 995-997)

148 Vgl. (Häntsch & Huchzermeier, 2016, p. 113)

149 Vgl. (Purchase, Da Silva Rosa, & Schepis, 2015, p. 1)

5 Validierung

Die Literaturanalyse hat gezeigt, dass es zahlreiche Leistungsmetriken gibt, die in Produktionsnetzwerken zum Einsatz kommen können. Nun soll eruiert werden, welche davon besonders relevant sind bzw. ob sich die Ergebnisse aus der Recherche in der Praxis verifizieren lassen. Zur Validierung der Ergebnisse aus der Literaturanalyse werden Experteninterviews geführt. Das Vorgehen hierzu wird im folgenden Unterpunkt beschrieben. Anschließend erfolgt die Vorstellung der Ergebnisse aus den Gesprächen sowie der Diskussion.

5.1 Methodik der quantitativen Literaturanalyse

Die Literaturrecherche hat über 70 Kennzahlen und Indikatoren identifiziert. Diese wurden, wie unter 1.2 beschrieben, auf sechs Kategorien verdichtet. Dies sind: Finanzen, Qualität, Veränderungsfähigkeit, Produktion, Distribution und Ressourcen. Auf Grund ihrer Beschaffenheit hätten sich einzelne Metriken mehreren Kategorien zuordnen lassen. Um eine lineare Vergleichbarkeit zu ermöglichen, wurde in der vorliegenden Forschungsarbeit jede Metrik nur einfach zugeordnet. Hierbei wurde stets die Kategorie gewählt, die den größten Anteil der Eigenschaften einer Kennzahl abdeckt. Die folgende Aufstellung gibt hierzu einen Überblick:

Finanzen:

- Anlaufkosten
- Auslaufkosten
- Bereitstellungskosten
- Beschaffungskosten
- Bestandskosten
- EBITDA
- Energiekosten
- Gesamtkosten
- Gewinn
- Herstellkosten
- Implementierungskosten
- Kapitalbindungskosten
- Kosten
- Kosten bei Wechsel zwischen zwei Konfigurationen des Produktions-netzwerks
- Logistikkosten
- Lohnkosten
- Materialkosten
- Net Cash Flow
- Net Present Value
- Overheadkosten
- Produktionskosten
- Return on Assets
- Return on Investment
- Return on Sales
- Skaleneffekte
- Synergieeffekte/ Einsparungen
- Transportkosten
- Wachstum(srate)

Qualität:

- Ausschussquote
- Fehlmenge
- Nacharbeitsquote
- Prognosequalität
- Prozessfähigkeit und -sicherheit
- Qualität /Qualitätsrate
- Reklamationsquote
- Schadenfreiheit

Veränderungsfähigkeit:

- Agilität
- Flexibilität
- Reaktionsfähigkeit
- Re-Konfigurierbarkeit
- Volumenflexibilität
- Variantenflexibilität
- Umrüstbarkeit
- Wandlungsfähigkeit

Produktion:

- Anzahl der Aufträge
- Auftragserfüllungsrate
- Deckung der Kundennachfrage
- Durchlaufzeit
- Durchsatz
- Maschinenfähigkeit
- Mindestauslastung/ Kapazität
- Mitarbeiterauslastung
- Produktionsmenge
- Produktionsrate
- Produktivität
- Taktzeit

Distribution:

- Lieferbereitschaftsgrad
- Lieferflexibilität
- Liefermengenabweichung
- Lieferqualität
- Lieferterminabweichung
- Lieferzeit
- Marktnähe
- Termintreue
- Transporteffizienz
- Transportfrequenz

Ressourcen:

- Fachkräftequalifikation
- Infrastruktur
- Local-Content
- Politische und wirtschaftliche Stabilität
- Standortqualifikation

Während der Literaturanalyse sind die verschiedenen Metriken mit unterschiedlicher Häufigkeit in Publikationen differierender Wertigkeit feststellbar. Deshalb wurde bei der Betrachtung erfasst, welche Metrik wie häufig in welcher Quellenart nachgewiesen werden kann. Dabei wurde für jede Quelle eine Gewichtung vorgenommen. Dazu erfolgte eine Unterteilung in vier Klassen. Der Klasse 1 entsprechen Veröffentlichungen, die im VHB Rating[150] mit „A“ oder „B“ gelistet sind. Veröffentlichungen der Klasse 2 sind im VHB Rating schlechter gelistet. Der Klasse 3 werden Bücher zugeordnet und in Klasse 4 wird solche Literatur zusammengefasst, die weder offiziell geratet wurde, noch ein Buch ist sowie sonstige Veröffentlichungen im Internet. Um eine numerische Vergleichbarkeit herzustellen, werden die jeweiligen Publikationsklassen mit Punkten bewertet. Literatur der Klasse 1 wird mit fünf Punkten bewertet, Literatur der Klasse 2 erhält vier Punkte. Veröffentlichungen der Klasse 3 werden drei Punkte

150 Vgl. (vhb, 2010-2011)

zugewiesen. Klasse 4 wird mit einem Punkt deklariert. Im Rahmen der quantitativen Textanalyse wird nicht unterschieden wie ausführlich eine Metrik in der Quelle behandelt wird oder wie oft sie jeweils innerhalb einer Veröffentlichung genannt ist. Dies ist der Tatsache geschuldet, dass eine inhaltliche Analyse zur Erreichung des Forschungsziels der vorliegenden Arbeit keinen Beitrag leisten würde – geht es hier ausschließlich um die Relevanz von Kennzahlen, nicht deren Qualität oder Aussagefähigkeit. Basierend auf der Betrachtung von Metrik und Kategorie sowie in alphabetischer Reihenfolge geordnet ergibt sich somit folgende Vergabematrix:

5.1.1 Kategorie Finanzen

Anlaufkosten	Klasse der Gewichtung	Punkte
	3[151]	3
	1	5
		$\sum 8$

Tabelle 1: Anlaufkosten

Auslaufkosten	Klasse der Gewichtung	Punkte
	3[152]	3
		$\sum 3$

Tabelle 2: Auslaufkosten

---

151 Vgl. (Moser, 2014, p.60)

152 Vgl. (Moser, 2014, p.60)

Bereitstellungs-kosten	Klasse der Gewichtung	Punkte
	3[153]	3
		∑ 3

Tabelle 3: Bereitstellungskosten

Beschaffungs-kosten	Klasse der Gewichtung	Punkte
	3[154]	3
		∑ 3

Tabelle 4: Beschaffungskosten

Bestandskosten	Klasse der Gewichtung	Punkte
	3[155]	3
	4[156]	1
		∑ 4

Tabelle 5: Bestandskosten

---

[153] Vgl. (Moser, 2014, p. 59)

[154] Vgl. (Moser, 2014, p. 59)

[155] Vgl. (Moser, 2014, p. 62)

[156] Vgl. (Rachow et al., 2013, p. 663)

EBITDA	Klasse der Gewichtung	Punkte
	1[157]	5
		∑5

Tabelle 6: EBITDA

Energiekosten	Klasse der Gewichtung	Punkte
	3[158]	3
	4[159]	1
		∑4

Tabelle 7: Energiekosten

Gesamtkosten	Klasse der Gewichtung	Punkte
	3[160]	3
		∑3

Tabelle 8: Gesamtkosten

157 Vgl. (Zschoche, 2015, p. 2)

158 Vgl. (Moser, 2014, p. 59)

159 Vgl. (Lanza et al., 2012, p. 625)

160 Vgl. (Moser, 2014, p.59)

Gewinn	Klasse der Gewichtung	Punkte
	4[161]	1
	1[162]	5
	4[163],	1
	1[164],	5
	2[165],	4
	2[166],	4
	1[167],	5
	4[168],	1
	2[169],	4
	2[170]	4
	2[171],	4

161 Vgl (Rossi, 2013, (pp. 229, 231)

162 Vgl. (Hellmann & Staudigl, 2014, p. 590)

163 Vgl. (Becker & Stern, 2016, pp. 581, 583)

164 Vgl. (Levén, Holmström, & Mathiassen, 2014, p. 162)

165 Vgl. (Sydler, Haefliger, & Pruska, 2014, p. 251)

166 Vgl. (Roseira, Brito, & Ford, 2013, p. 234)

167 Vgl. (Zschoche, 2015, pp. 1, 6)

168 Vgl. (Arndt & Lanza, 2016, p. 676)

169 Vgl. (Munksgaard & Medlin, 2014, p. 617)

170 Vgl. (Matthyssens, Vandenbempt, & Van Bockhaven, 2013, p. 406)

171 Vgl. (Egbetokun, 2015, p. 24)

Gewinn	Klasse der Gewichtung	Punkte
	4[172],	1
	2[173],	4
		∑ 43

Tabelle 9: Gewinn

Herstellkosten	Klasse der Gewichtung	Punkte
	3[174]	3
	4[175]	1
		∑ 4

Tabelle 10: Herstellkosten

Implementierungs-kosten	Klasse der Gewichtung	Punkte
	3[176]	3
		∑ 3

Tabelle 11: Implementierungskosten

172 Vgl. (Zeng, Chen, Dong, & Zheng, 2015, p. 173)

173 Vgl. (Thornton, Henneberg, & Naudé, 2013, p. 1163)

174 Vgl. (Moser, 2014, p.59)

175 Vgl. (Schurig & Ramsauer, 2015, p.114)

176 Vgl. (Moser, 2014, p. 59)

Kapitalbindungs-kosten	Klasse der Gewichtung	Punkte
	3[177]	3
	1[178],	5
	4[179]	1
		∑9

Tabelle 12: Kapitalbindungskosten

Kosten	Klasse der Gewichtung	Punkte
	3[180]	3
	4[181]	1
	1[182]	5
	4[183]	1
	4[184]	1
	2[185]	4

177 Vgl. (Moser, 2014, p. 59)

178 Vgl. (Häntsch & Huchzermeier, 2016, p. 116)

179 Vgl (Lanza et al., 2012, p. 626)

180 Vgl. (Moser, 2014, p. 59)

181 Vgl. (Rossi, 2013 p. 223)

182 Vgl. (Hellmann & Staudigl, 2014, p. 590)

183 Vgl. (Lanza et al., 2012, p. 623)

184 Vgl. (Genehr, 2013, p. 1)

185 Vgl. (Capaldo, 2014, p. 685)

Kosten	Klasse der Gewichtung	Punkte
	2[186]	4
	1[187]	5
	1[188]	5
	4[189]	1
	1[190]	5
	2[191]	4
	4[192]	1
	2[193]	4
	2[194]	4
	4[195]	1
	4[196]	1
		∑ 50

Tabelle 13: Kosten

186 Vgl. (Roseira et al., 2013, p. 239)

187 Vgl. (Zschoche, 2015, p. 3)

188 Vgl. (Volling et al., 2013, p. 241)

189 Vgl. (Arndt & Lanza, 2016, p. 675)

190 Vgl. (Morescalchi, Pammolli, Penner, Petersen, & Riccaboni, 2015, p. 652)

191 Vgl. (Egbetokun, 2015, pp. 17, 21)

192 Vgl. (Zeng et al., 2015, p. 173)

193 Vgl. (Thornton et al., 2013, p. 1159)

194 Vgl. (Abrahamsen, Henneberg, & Naudé, 2012, p. 262)

195 Vgl. (Schuh, Thomas, & Fuchs, 2014, p. 2)

196 Vgl. (Rahman, Schatz, & Kuch, 2013, p. 657)

Kosten bei Wechsel zwischen zwei Konfigurationen des Produktionsnetzwerks	Klasse der Gewichtung	Punkte
	3[197]	3
		∑3

Tabelle 14: Wechselkosten

Logistikkosten	Klasse der Gewichtung	Punkte
	3[198]	3
	1[199],	5
	4[200],	1
	1[201],	5
	1[202]	5
		∑19

Tabelle 15: Logistikkosten

---

197 Vgl. (Moser, 2014, p. 59)

198 Vgl. (Moser, 2014, p. 59)

199 Vgl. (Häntsch & Huchzermeier, 2016, pp. 112-113, 119)

200 Vgl. (Rachow et al., 2013, p. 663)

201 Vgl. (Zschoche, 2015, p. 3)

202 Vgl. (Volling et al., 2013, pp. 241, 245, 258)

Lohnkosten	Klasse der Gewichtung	Punkte
	3[203]	3
	4[204]	1
	4[205]	1
	4[206]	1
	2[207]	4
	1[208]	5
		∑ 15

Tabelle 16: Lohnkosten

Materialkosten	Klasse der Gewichtung	Punkte
	3[209]	3
	4[210]	1
		∑ 4

Tabelle 17: Materialkosten

---

203 Vgl. (Moser, 2014, p. 59)

204 Vgl. (Mourtzis & Doukas, 2014, p. 2)

205 Vgl. (Rossi, 2013, pp. 223,224)

206 Vgl. (Lanza et al., 2012, p. 626)

207 Vgl. (Sydler et al., 2014, p. 251)

208 Vgl. (Zschoche, 2015, pp. 3, 4)

209 Vgl. (Moser, 2014, p. 59)

210 Vgl. (Lanza et al., 2012, p. 625)

Net Cash Flow	Klasse der Gewichtung	Punkte
	1[211]	5
	2[212]	4
	1[213]	5
	1[214]	5
		∑ 19

Tabelle 18: Net Cash Flow

Net Present Value	Klasse der Gewichtung	Punkte
	4[215]	1
	1[216]	5
		∑ 6

Tabelle 19: Net Present Value

---

211 Vgl. (Häntsch & Huchzermeier, 2016, p. 113, 116)

212 Vgl. (Purchse, Olaru, & Denize, 2014, p. 449)

213 Vgl. (Zschoche, 2015, p. 2)

214 Vgl. (Volling et al., 2013, p. 244)

215 Vgl. (Schnellbach & Reinhart, 2015, p. 496)

216 Vgl. (Volling et al., 2013, p. 244)

Overheadkosten	Klasse der Gewichtung	Punkte
	3[217]	3
	4[218]	1
		∑ 4

Tabelle 20: Overheadkosten

Produktionskosten	Klasse der Gewichtung	Punkte
	3[219]	3
	1[220]	5
	4[221]	1
	4[222]	1
	4[223]	1
	1[224]	5

217 Vgl. (Moser, 2014, p. 59)

218 Vgl. (Lanza et al., 2012, p. 626)

219 Vgl. (Moser, 2014, p. 60)

220 Vgl. (Häntsch & Huchzermeier, 2016, pp. 119, 125)

221 Vgl. (Mourtzis & Doukas, 2014, pp. 8, 10)

222 Vgl. (Rossi, 2013, p. 228)

223 Vgl. (Lanza et al., 2012, p. 624)

224 Vgl. (Volling et al., 2013, p. 240)

Produktionskosten	Klasse der Gewichtung	Punkte
		∑ 16

Tabelle 21: Produktionskosten

Return on Assets	Klasse der Gewichtung	Punkte
	1[225]	5
		∑ 5

Tabelle 22: Return on Assets

Return on Investment	Klasse der Gewichtung	Punkte
	4[226]	1
		∑ 1

Tabelle 23: Return on Investment

Return on Sales	Klasse der Gewichtung	Punkte
	1[227]	5
		∑ 5

Tabelle 24: Return on Sales

225 Vgl. (Zschoche, 2015, p. 2)

226 Vgl. (Schnellbach & Reinhart, 2015, p. 496)

227 Vgl. (Zschoche, 2015, pp. 2, 5)

Skaleneffekte	Klasse der Gewichtung	Punkte
	4[228]	1
	4[229]	1
		∑ 2

Tabelle 25: Skaleneffekte

Synergieeffekte/ Einsparungen	Klasse der Gewichtung	Punkte
	4[230]	1
	4[231]	1
	4[232]	1
	1[233]	5
		∑ 8

Tabelle 26: Synergieeffekte

---

228 Vgl. (Mourtzis & Doukas, 2014, p. 4)

229 Vgl. (Lanza et al., 2012, p. 623)

230 Vgl. (Lanza et al., 2012, pp. 623, 625, 626)

231 Vgl. (Genehr, 2013, p. 1)

232 Vgl. (Becker & Stern, 2016, p. 581)

233 Vgl. (Zschoche, 2015, p. 3)

Transportkosten	Klasse der Gewichtung	Punkte
	3[234]	3
	1[235]	5
	4[236]	1
	4[237]	1
	4[238]	1
	1[239]	5
	4[240]	1
	4[241]	1
		∑ 18

Tabelle 27: Transportkosten

234 Vgl. (Moser, 2014, p. 62)

235 Vgl. (Häntsch & Huchzermeier, 2016, pp. 112, 119, 125)

236 Vgl. (Mourtzis & Doukas, 2014, p.10)

237 Vgl. (Lanza et al., 2012, p. 623)

238 Vgl.(Becker & Stern, 2016, p. 580-581)

239 Vgl. (Zschoche, 2015, p. 4)

240 Vgl. (Arndt & Lanza, 2016, p. 677)

241 Vgl. (Rahman et al., 2013, p. 658)

Wachstum(srate)	Klasse der Gewichtung	Punkte
	2[242]	4
	1[243]	5
	2[244]	4
	2[245]	4
	2[246]	4
		∑ 21

Tabelle 28: Wachstumsrate

5.1.2 Kategorie Qualität

Ausschussquote	Klasse der Gewichtung	Punkte
	4[247]	1
		∑ 1

Tabelle 29: Ausschussquote

242 Vgl. (Purchase et al., 2015, p. 1)

243 Vgl.(Levén et al., 2014, pp. 163, 164)

244 Vgl. (Sydler et al., 2014, p. 251)

245 Vgl. (Matthyssens et al., 2013, p. 415)

246 Vgl. (Egbetokun, 2015, p. 22)

247 Vgl. (Rachow et al., 2013, p. 662)

Fehlmenge	Klasse der Gewichtung	Punkte
	1[248]	5
		∑5

Tabelle 30: Fehlmenge

Nacharbeitsquote	Klasse der Gewichtung	Punkte
	4[249]	1
	4[250]	1
		∑2

Tabelle 31: Nacharbeitsquote

Prozessfähigkeit und –sicherheit	Klasse der Gewichtung	Punkte
	4[251]	1
	4[252]	1
		∑2

Tabelle 32: Prozessfähigkeit und –sicherheit

248 Vgl. (Häntsch & Huchzermeier, 2016, p. 119)

249 Vgl. (Rachow et al., 2013, p. 662)

250 Vgl. (Arndt & Lanza, 2016, p. 678)

251 Vgl. (Rachow et al., 2013, p. 662)

252 Vgl. (Schurig & Ramsauer, 2015, p.114)

Qualität / Qualitätsrate	Klasse der Gewichtung	Punkte
	3[253]	3
	1[254]	5
	4[255]	1
	4[256]	1
	4[257]	1
	4[258]	1
	4[259]	1
	4[260]	1
	2[261]	4
	4[262]	1
	2[263]	4
	4[264]	1

253 Vgl. (Moser, 2014, p. 57)

254 Vgl. (Häntsch & Huchzermeier, 2016, p. 126)

255 Vgl. (Mourtzis & Doukas, 2014, p.10)

256 Vgl. (Rossi, 2013, pp. 224,225, 229)

257 Vgl. (Schnellbach & Reinhart, 2015, p. 493)

258 Vgl. (Lanza et al., 2012, p. 626)

259 Vgl. (Blunck et al., 2014, p. 50)

260 Vgl. (Rachow et al., 2013, p. 661)

261 Vgl. (Sydler et al., 2014, 255)

262 Vgl. (Schurig & Ramsauer, 2015, p.115)

263 Vgl. (Roseira et al., 2013, p. 239)

264 Vgl. (Arndt & Lanza, 2016, pp. 675, 676)

Qualität / Qualitätsrate	Klasse der Gewichtung	Punkte
	1[265]	5
	2[266]	4
	2[267]	4
	4[268]	1
	2[269]	4
		∑ 42

Tabelle 33: Qualität

Reklamations-quote	Klasse der Gewichtung	Punkte
	4[270]	1
		∑ 1

Tabelle 34: Reklamationsquote

---

[265] Vgl. (Munksgaard & Medlin, 2014, p. 618)

[266] Vgl. (Matthyssens et al., 2013, p. 413)

[267] Vgl. (Egbetokun, 2015, p. 24)

[268] Vgl. (Zeng et al., 2015, p. 172)

[269] Vgl. (Abrahamsen et al., 2012, p. 264)

[270] Vgl. (Rachow et al., 2013, p. 662)

Schadenfreiheit	Klasse der Gewichtung	Punkte
	4[271]	1
	2[272]	4
		∑ 5

Tabelle 35: Schadenfreiheit

5.1.3 Kategorie Veränderungsfähigkeit:

Agilität	Klasse der Gewichtung	Punkte
	3[273]	3
	4[274]	1
	4[275]	1
		∑ 5

Tabelle 36: Agilität

271 Vgl. (Rachow et al., 2013, p. 662)

272 Vgl. (Roseira et al., 2013, p. 239)

273 Vgl. (Moser, 2014, p. 13)

274 Vgl. (Rossi, 2013, p. 228)

275 Vgl. (Schurig & Ramsauer, 2015, p.114)

Flexibilität	Klasse der Gewichtung	Punkte
	3[276]	3
	4[277]	1
	4[278]	1
	4[279]	1
	4[280]	1
	1[281]	5
	4[282]	1
	4[283]	1
	1[284]	5
	4[285]	1
	2[286]	4
	2[287]	4

276 Vgl. (Moser, 2014, p. 13)

277 Vgl. (Mourtzis & Doukas, 2014, pp. 2, 10)

278 Vgl. (Rossi, 2013, pp. 223, 225, 228)

279 Vgl. (Bottler, 2015, p. 1)

280 Vgl. (Schnellbach & Reinhart, 2015, p. 493)

281 Vgl. (Poocharoen & Sovacool, 2012, p. 411)

282 Vgl. (Lanza et al., 2012, p. 626)

283 Vgl. (Rachow et al., 2013, p. 662)

284 Vgl. (Agostini, Filippini, & Nosella, 2015, p. 379)

285 Vgl. (Schurig & Ramsauer, 2015, p.114)

286 Vgl. (Capaldo, 2014, p. 687)

287 Vgl. (Roseira et al., 2013, pp. 236, 239)

Flexibilität	Klasse der Gewichtung	Punkte
	1[288]	5
	1[289]	5
	4[290]	1
	2[291]	4
	2[292]	4
	2[293]	4
	4[294]	1
		∑ 52

Tabelle 37: Flexibilität

---

[288] Vgl. (Zschoche, 2015, pp. 1, 3)

[289] Vgl. (Volling et al., 2013, pp. 240, 245)

[290] Vgl. (Arndt & Lanza, 2016, p. 677)

[291] Vgl. (Matthyssens et al., 2013, p. 411)

[292] Vgl.(Morescalchi et al., 2015, p. 657)

[293] Vgl. (Abrahamsen et al., 2012, p. 267)

[294] Vgl. (Rahman et al., 2013, p. 657)

Reaktionsfähigkeit	Klasse der Gewichtung	Punkte
	4[295]	1
	4[296]	1
	4[297]	1
	4[298]	1
	1[299]	5
	4[300]	1
	2[301]	4
	2[302]	4
		∑ 18

Tabelle 38: Reaktionsfähigkeit

[295] Vgl. (Rossi, 2013, pp. 223, 227)

[296] Vgl. (Schnellbach & Reinhart, 2015, p. 493)

[297] Vgl. (Genehr, 2013, p. 1)

[298] Vgl. (Rachow et al., 2013, p. 662)

[299] Vgl. (Levén et al., 2014, p. 158)

[300] Vgl. (Schurig & Ramsauer, 2015, p.115)

[301] Vgl. (Capaldo, 2014, p. 685)

[302] Vgl. (Roseira et al., 2013 p. 236)

Rekonfigurierbarkeit	Klasse der Gewichtung	Punkte
	3[303]	3
	4[304]	1
	4[305]	1
		∑ 5

Tabelle 39: Rekonfigurierbarkeit

Volumenflexibilität	Klasse der Gewichtung	Punkte
	3[306]	3
	4[307]	1
	1[308]	5
	2[309]	4
	4[310]	1
		∑ 14

Tabelle 40: Volumenflexibilität

---

303 Vgl. (Moser, 2014, p. 13)

304 Vgl. (Mourtzis & Doukas, 2014, pp. 2, 4)

305 Vgl. (Bottler, 2015, p. 1)

306 Vgl. (Moser, 2014, p. 68-69)

307 Vgl. (Schnellbach & Reinhart, 2015, p.493)

308 Vgl. (Volling et al., 2013, p. 241)

309 Vgl. (Matthyssens et al., 2013, p. 414)

310 Vgl. (Rahman et al., 2013, p. 657)

Variantenflexibilität	Klasse der Gewichtung	Punkte
	3[311]	3
	1[312]	5
	4[313]	1
	4[314]	1
	4[315]	1
	4[316]	1
	1[317]	5
	4[318]	1
		∑ 18

Tabelle 41: Variantenflexibilität

---

311 Vgl. (Moser, 2014, p. 70)

312 Vgl. (Häntsch & Huchzermeier, 2016, p. 113)

313 Vgl. (Rossi, 2013 pp. 223, 229)

314 Vgl. (Bottler, 2015, p. 1)

315 Vgl. (Blunck et al., 2014, p. 50)

316 Vgl. (Schurig & Ramsauer, 2015, p.114)

317 Vgl. (Volling et al., 2013, p. 240)

318 Vgl. (Rahman et al., 2013, p. 657)

Umrüstbarkeit	Klasse der Gewichtung	Punkte
	3[319]	3
		∑ 3

Tabelle 42: Umrüstbarkeit

Wandlungsfähigkeit	Klasse der Gewichtung	Punkte
	3[320]	3
	4[321]	1
	4[322]	1
	4[323]	1
	4[324]	1
	2[325]	4
		∑ 11

Tabelle 43: Wandlungsfähigkeit

---

319 Vgl. (Moser, 2014, p. 13)

320 Vgl. (Moser, 2014, p. 13)

321 Vgl. (Mourtzis & Doukas, 2014, p.10)

322 Vgl. (Rachow et al., 2013, p. 662)

323 Vgl. (Schurig & Ramsauer, 2015, p.114)

324 Vgl. (Beber & Becker, 2014, p. 21)

325 Vgl. (Abrahamsen et al., 2012, p. 268)

5.1.4 Kategorie Produktion:

Anzahl der Aufträge	Klasse der Gewichtung	Punkte
	4[326]	1
	2[327]	4
	1[328]	5
		∑ 10

Tabelle 44: Anzahl der Aufträge

Auftragserfüllungsrate	Klasse der Gewichtung	Punkte
	1[329]	5
		∑ 5

Tabelle 45: Auftragserfüllungsrate

326 Vgl. (Rachow et al., 2013, p. 662)

327 Vgl. (Roseira et al., 2013, p. 239)

328 Vgl. (Volling et al., 2013, p. 255)

329 Vgl. (Volling et al., 2013, p. 242)

Deckung der Kundennachfrage	Klasse der Gewichtung	Punkte
	1[330]	5
	4[331]	1
	4[332]	1
	4[333]	1
	4[334]	1
	2[335]	4
	1[336]	5
	2[337]	4
		∑ 22

Tabelle 46: Deckung der Kundennachfrage

Durchlaufzeit	Klasse der Gewichtung	Punkte
	1[338]	5

---

330 Vgl. (Häntsch & Huchzermeier, 2016, p. 119)

331 Vgl. (Mourtzis & Doukas, 2014, p.5)

332 Vgl. (Rossi, 2013, pp. 225, 229)

333 Vgl. (Becker & Stern, 2016, pp. 579, 582)

334 Vgl. (Schurig & Ramsauer, 2015, p.115)

335 Vgl. (Roseira et al., 2013, p. 236)

336 Vgl. (Volling et al., 2013, p. 240)

337 Vgl. (Thornton et al., 2013, p. 1161)

338 Vgl. (Häntsch & Huchzermeier, 2016, p. 113)

Durchlaufzeit	Klasse der Gewichtung	Punkte
	4[339]	1
	4[340]	1
	4[341]	1
	4[342]	1
	4[343]	1
	4[344]	1
	4[345]	1
	1[346]	5
	4[347]	1
	4[348]	1
		∑ 19

Tabelle 47: Durchlaufzeit

339 Vgl. (Mourtzis & Doukas, 2014, p.11)

340 Vgl. (Rossi, 2013, pp. 224, 228)

341 Vgl. (Schnellbach & Reinhart, 2015, p. 493)

342 Vgl. (Becker & Stern, 2016, pp. 579, 583)

343 Vgl. (Blunck et al., 2014, pp. 50-51, 53)

344 Vgl. (Rachow et al., 2013, p. 663)

345 Vgl. (Schurig & Ramsauer, 2015, p.116)

346 Vgl. (Volling et al., 2013, pp. 240, 242)

347 Vgl. (Arndt & Lanza, 2016, p. 675)

348 Vgl. (Schuh et al., 2014, p. 1)

Durchsatz	Klasse der Gewichtung	Punkte
	2[349]	4
	4[350]	1
	4[351]	1
		∑ 6

Tabelle 48: Durchsatz

Maschinenfähigkeit	Klasse der Gewichtung	Punkte
	4[352]	1
	4[353]	1
		∑ 2

Tabelle 49: Maschinenfähigkeit

349 Vgl. (Cabanelas et al., 2013, p.995)

350 Vgl. (Rossi, 2013, p. 224)

351 Vgl. (Schnellbach & Reinhart, 2015, p. 495)

352 Vgl. (Lanza et al., 2012, p. 623)

353 Vgl. (Becker & Stern, 2016, p. 583)

Mindestauslastung/ Kapazität	Klasse der Gewichtung	Punkte
	3[354]	3
	1[355]	5
	4[356]	1
	4[357]	1
	1[358]	5
	4[359]	1
	4[360]	1
	4[361]	1
	4[362]	1
	2[363]	4
	2[364]	4
	1[365]	5

354 Vgl. (Moser, 2014, p. 82)

355 Vgl. (Häntsch & Huchzermeier, 2016, p. 119)

356 Vgl. (Mourtzis & Doukas, 2014, pp. 2, 6)

357 Vgl. (Bottler, 2015, pp. 2, 6)

358 Vgl. (Poocharoen & Sovacool, 2012, p. 411)

359 Vgl. (Lanza et al., 2012, p. 624-626)

360 Vgl. (Becker & Stern, 2016, p. 582)

361 Vgl. (Blunck et al., 2014, p. 51)

362 Vgl. (Schurig & Ramsauer, 2015, pp.114, 116)

363 Vgl. (Roseira et al., 2013, p. 236)

364 Vgl. (Schepis, Purchase, & Ellis, 2014, p. 588)

365 Vgl. (Zschoche, 2015, p. 3)

Mindestauslastung/ Kapazität	Klasse der Gewichtung	Punkte
	1[366]	5
	2[367]	4
	2[368]	4
	4[369]	1
	2[370]	4
	4[371]	1
		∑ 51

Tabelle 50: Mindestauslastung / Kapazität

Mitarbeiterauslastung	Klasse der Gewichtung	Punkte
	4[372]	1
	2[373]	4
	2[374]	4
	1[375]	5

---

366 Vgl. (Volling et al., 2013, pp. 240, 241)

367 Vgl. (Matthyssens et al., 2013, pp. 411, 415)

368 Vgl. (Egbetokun, 2015, p. 18)

369 Vgl. (Beber & Becker, 2014, p. 21)

370 Vgl. (Thornton et al., 2013, p. 1155)

371 Vgl. (Schuh et al., 2014, p. 1)

372 Vgl. (Lanza et al., 2012, p. 626)

373 Vgl. (Purchse et al., 2014, p. 449)

374 Vgl. (Schepis et al., 2014, p. 589)

375 Vgl. (Zschoche, 2015, p. 6)

Mitarbeiterauslastung	Klasse der Gewichtung	Punkte
	1[376]	5
		∑ 19

Tabelle 51: Mitarbeiterauslastung

Produktionsmenge	Klasse der Gewichtung	Punkte
	2[377]	4
	4[378]	1
	4[379]	1
	4[380]	1
	4[381]	1
	2[382]	4
	1[383]	5
		∑ 17

Tabelle 52: Produktionsmenge

---

376 Vgl. (Volling et al., 2013, pp. 242, 245)

377 Vgl. (Cabanelas et al., 2013, p. 995)

378 Vgl. (Mourtzis & Doukas, 2014, p. 8)

379 Vgl. (Schnellbach & Reinhart, 2015, p. 495)

380 Vgl. (Lanza et al., 2012, p. 624)

381 Vgl. (Becker & Stern, 2016, p. 581)

382 Vgl. (Purchse et al., 2014, p. 449)

383 Vgl. (Volling et al., 2013, p. 248)

Produktionsrate	Klasse der Gewichtung	Punkte
	1[384]	5
		∑ 5

Tabelle 53: Produktionsrate

Produktivität	Klasse der Gewichtung	Punkte
	4[385]	1
	4[386]	1
	4[387]	1
	4[388]	1
	4[389]	1
	1[390]	5
	2[391]	4
		∑ 14

Tabelle 54: Produktivität

384 Vgl. (Volling et al., 2013, p. 242)

385 Vgl. (Mourtzis & Doukas, 2014, p. 4)

386 Vgl. (Rossi, 2013, pp. 224, 228)

387 Vgl. (Schnellbach & Reinhart, 2015, pp. 493, 495)

388 Vgl. (Becker & Stern, 2016, p. 581)

389 Vgl. (Blunck et al., 2014, p. 51)

390 Vgl. (Volling et al., 2013, p. 245)

391 Vgl. (Egbetokun, 2015, p. 19)

Taktzeit	Klasse der Gewichtung	Punkte
	1[392]	5
	4[393]	1
	4[394]	1
		∑ 7

Tabelle 55: Taktzeit

5.1.5 Kategorie Distribution:

Lieferbereit-schaftsgrad	Klasse der Gewichtung	Punkte
	4[395]	1
	4[396]	1
		∑ 2

Tabelle 56: Lieferbereitschaftsgrad

392 Vgl. (Volling et al., 2013, p. 242)

393 Vgl. (Arndt & Lanza, 2016, p. 677)

394 Vgl. (Beber & Becker, 2014, p. 21)

395 Vgl. (Rachow et al., 2013, p. 662)

396 Vgl. (Rahman et al., 2013, p. 657)

Lieferflexibilität	Klasse der Gewichtung	Punkte
	4[397]	1
	2[398]	4
		∑ 5

Tabelle 57: Lieferflexibilität

Liefermengen-abweichung	Klasse der Gewichtung	Punkte
	4[399]	1
		∑ 1

Tabelle 58: Liefermengenabweichung

Lieferqualität	Klasse der Gewichtung	Punkte
	4[400]	1
		∑ 1

Tabelle 59: Lieferqualität

---

397 Vgl. (Rachow et al., 2013, p. 661)

398 Vgl. (Matthyssens et al., 2013, p. 411)

399 Vgl. (Rachow et al., 2013, p. 662)

400 Vgl. (Rachow et al., 2013, p. 662)

Lieferterminabweichung	Klasse der Gewichtung	Punkte
	4[401]	1
		∑ 1

Tabelle 60: Lieferterminabweichung

Lieferzeit	Klasse der Gewichtung	Punkte
	3[402]	3
	1[403]	5
	4[404]	1
	4[405]	1
	4[406]	1
	4[407]	1
	1[408]	5
	4[409]	1
	4[410]	1
		∑ 19

Tabelle 61: Lieferzeit

401 Vgl. (Rachow et al., 2013, p. 662)

402 Vgl. (Moser, 2014, p. 65)

403 Vgl. (Häntsch & Huchzermeier, 2016, pp. 113, 119, 126)

404 Vgl. (Mourtzis & Doukas, 2014, pp. 4, 8, 10)

405 Vgl. (Rossi, 2013, pp. 225, 228)

406 Vgl. (Lanza et al., 2012, p. 623)

407 Vgl. (Blunck et al., 2014, p. 50)

408 Vgl. (Volling et al., 2013, pp. 241, 242)

409 Vgl. (Arndt & Lanza, 2016, pp. 676, 678)

410 Vgl. (Schuh et al., 2014, p. 2)

Marktnähe	Klasse der Gewichtung	Punkte
	3[411]	3
	2[412]	4
	2[413]	4
	1[414]	5
	2[415]	4
	4[416]	1
	2[417]	4
		∑ 25

Tabelle 62: Marktnähe

[411] Vgl. (Moser, 2014, p. 75)

[412] Vgl. (Lindström & Polsa, 2016, p. 213)

[413] Vgl. (Capaldo, 2014, p. 689)

[414] Vgl. (Morescalchi et al., 2015, p.652)

[415] Vgl. (Egbetokun, 2015, p. 22)

[416] Vgl. (Zeng et al., 2015, p. 173)

[417] Vgl. (Thornton et al., 2013, p. 1161)

Termintreue	Klasse der Gewichtung	Punkte
	4[418]	1
	4[419]	1
	4[420]	1
	4[421]	1
		∑ 4

Tabelle 63: Termintreue

Transporteffizienz	Klasse der Gewichtung	Punkte
	4[422]	1
	4[423]	1
		∑ 2

Tabelle 64: Transporteffizienz

---

418 Vgl. (Rachow et al., 2013, p. 661)

419 Vgl. (Schurig & Ramsauer, 2015, p.116)

420 Vgl. (Beber & Becker, 2014, p. 21)

421 Vgl. (Schuh et al., 2014, p. 1)

422 Vgl. (Lanza et al., 2012, p. 625)

423 Vgl. (Becker & Stern, 2016, p. 580)

Transportfrequenz	Klasse der Gewichtung	Punkte
	4[424]	1
	4[425]	1
		∑ 2

Tabelle 65: Transportfrequenz

5.1.6 Kategorie Ressourcen:

Fachkräftequalifikation	Klasse der Gewichtung	Punkte
	3[426]	3
	2[427]	4
	2[428]	4
	4[429]	1
	2[430]	4
	2[431]	4

424 Vgl. (Lanza et al., 2012, p. 625)

425 Vgl. (Arndt & Lanza, 2016, p. 677)

426 Vgl. (Moser, 2014, p. 78)

427 Vgl. (Cabanelas et al., 2013, p. 993)

428 Vgl. (Lindström & Polsa, 2016, p. 213)

429 Vgl. (Rossi, 2013, pp. 223, 230)

430 Vgl. (Poocharoen & Sovacool, 2012, p. 417)

431 Vgl. (Purchase et al., 2015, p. 2-3)

Fachkräftequalifikation	Klasse der Gewichtung	Punkte
	1[432]	5
	2[433]	4
	2[434]	4
	2[435]	4
	1[436]	5
	4[437]	1
	1[438]	5
	1[439]	5
	2[440]	4
	4[441]	1
	2[442]	4
	4[443]	1
		∑ 63

Tabelle 66: Fachkräftequalifikation

432 Vgl. (Levén et al., 2014, p. 158)

433 Vgl. (Sydler et al., 2014, pp. 246, 248)

434 Vgl. (Capaldo, 2014, p. 689)

435 Vgl. (Roseira et al., 2013, p. 239)

436 Vgl. (Zschoche, 2015, p. 1)

437 Vgl. (Arndt & Lanza, 2016, p. 675)

438 Vgl. (Munksgaard & Medlin, 2014, p. 618)

439 Vgl. (Morescalchi et al., 2015, p. 654)

440 Vgl. (Egbetokun, 2015, p. 17)

441 Vgl. (Zeng et al., 2015, p. 175)

442 Vgl. (Thornton et al., 2013, p. 1155)

443 Vgl. (Schuh et al., 2014, p. 1)

Infrastruktur	Klasse der Gewichtung	Punkte
	3[444]	3
	2[445]	4
	2[446]	4
	4[447]	1
	1[448]	5
	4[449]	1
	2[450]	4
	2[451]	4
	2[452]	4
	1[453]	5
	1[454]	5
	2[455]	4

444 Vgl. (Moser, 2014, p. 77)

445 Vgl. (Cabanelas et al., 2013, p. 994)

446 Vgl. (Lindström & Polsa, 2016, p. 209)

447 Vgl. (Mourtzis & Doukas, 2014, p. 2)

448 Vgl. (Poocharoen & Sovacool, 2012, p. 411)

449 Vgl. (Lanza et al., 2012, p. 626)

450 Vgl. (Sydler et al., 2014, p. 246)

451 Vgl. (Capaldo, 2014, p. 686)

452 Vgl. (Roseira et al., 2013, p. 238)

453 Vgl. (Zschoche, 2015, p. 1)

454 Vgl. (Munksgaard & Medlin, 2014, p. 620)

455 Vgl. (Egbetokun, 2015, p. 19)

Infrastruktur	Klasse der Gewichtung	Punkte
	4[456]	1
	2[457]	4
		∑ 49

Tabelle 67: Infrastruktur

Local-Content	Klasse der Gewichtung	Punkte
	3[458]	3
	4[459]	1
	1[460]	5
		∑ 9

Tabelle 68: Local-Content

Politische und wirtschaftliche Stabilität	Klasse der Gewichtung	Punkte
	3[461]	3
	1[462]	5
		∑ 8

Tabelle 69: Politische und wirtschaftliche Stabilität

---

456 Vgl. (Zeng et al., 2015, p. 175)

457 Vgl. (Thornton et al., 2013, p. 1155)

458 Vgl. (Moser, 2014, p. 83)

459 Vgl. (Lanza et al., 2012, p. 626)

460 Vgl. (Volling et al., 2013, p. 245)

461 Vgl. (Moser, 2014, p. 77)

462 Vgl. (Zschoche, 2015, p. 1)

Standortqualifikation	Klasse der Gewichtung	Punkte
	3[463]	3
	4[464]	1
	4[465]	1
	2[466]	4
	1[467]	5
	2[468]	4
	2[469]	4
	2[470]	4
	4[471]	1
	1[472]	5
		∑ 32

Tabelle 70: Standortqualifikation

[463] Vgl. (Moser, 2014, p. 76)

[464] Vgl. (Mourtzis & Doukas, 2014, p.11)

[465] Vgl. (Rossi, 2013, p. 223)

[466] Vgl. (Purchse et al., 2014, p. 449)

[467] Vgl. (Levén et al., 2014, p. 160)

[468] Vgl. (Sydler et al., 2014, p. 246)

[469] Vgl. (Capaldo, 2014, p. 690)

[470] Vgl. (Schepis et al., 2014, p. 589)

[471] Vgl. (Arndt & Lanza, 2016, p. 675)

[472] Vgl. (Munksgaard & Medlin, 2014, p. 617)

Werden die Punkte addiert, so lässt sich unter den Kategorien folgende Rangordnung herstellen:

1. Finanzen: 288 Punkte
2. Produktion: 177 Punkte
3. Ressourcen: 161 Punkte
4. Veränderungsfähigkeit: 126 Punkte
5. Distribution: 62 Punkte
6. Qualität: 59 Punkte

So erscheint die Kategorie Finanzen gemäß der Literaturanalyse am wichtigsten, an zweiter Stelle folgt der Bereich Produktion. Analog reihen sich die weiteren Kategorien bis hin zum Themenfeld Qualität an.

Bei der Detailanalyse ist festzustellen, dass sieben Metriken, über alle Kategorien hinweg besonders häufig genannt werden. Dies sind Fachkräftequalifikation, Flexibilität, Kapazität, Kosten, Gewinn, Infrastruktur sowie Qualität(srate).

5.2 Methodik der qualitativen Experteninterviews

Im Rahmen von Expertengesprächen sind die Ergebnisse der theoretischen Betrachtung in Bezug auf ihre praktische Relevanz hin zu überprüfen. Hierzu wurden branchenübergreifend Gespräche mit zehn Experten geführt. Als Experte im Sinne der vorliegenden Forschungsarbeit werden Personen angesehen, die eine leitende Funktion innerhalb eines Produktionsnetzwerkes innehaben.

Für eine qualitative Verifizierung wurden durch die Verfasserin zunächst geeignete Unternehmen identifiziert. Dabei wurde auf eine breite Streuung, von für Deutschland typischen, kleineren Mittelständlern bis hin zu globalen Konzernen gesorgt. Sollte der Umgang mit Metriken von Größe und Struktur abhängig sein, so könnten sich hierzu Indizien ergeben. In einem weiteren Schritt, durch Internetrecherche oder persönliche Gespräche, wurden dann in den Unternehmen mutmaßlich geeignete Personen ermittelt.

Vor den Interviews wurden die möglichen Gesprächspartner zunächst telefonisch kontaktiert. Dabei wurde abgeklärt, ob diese Personen tatsächlich zu Metriken Auskunft geben können und über die notwendige praktische Erfahrung verfügen. Diese ist im Sinne dieser Arbeit gegeben, wenn der Interviewpartner Inhaber des Unternehmens ist, beziehungsweise wenn er seit mehr als fünf Jahren in leitender Position innerhalb des Produktionsnetzwerkes tätig ist. Die jeweilige Position, welche die Qualifikation des Befragten bestätigt, ist im Anhang vermerkt.

War die notwendige Eignung als Gesprächspartner gegeben, wurde telefonisch ein Termin abgestimmt. Zur Erhöhung der Termintreue erfolgte anschließend eine Bestätigung der Teilnahme am Interview per E-Mail an den Experten. Zudem waren dieser Mail nochmals eine Beschreibung der Themenstellung, der Termin und die voraussichtliche Dauer des Gesprächs beigefügt.

Im Interviewtermin wurden die Experten dazu befragt, wie wichtig für Produktionsnetzwerke Kennzahlen und Indikatoren der Leistungsmessung sind. Es wurde eruiert, in welchen Bereichen Metriken verwendet werden und welche Anforderung Kennzahlen erfüllen müssen, um in der Praxis einen Mehrwert zu bieten. Des Weiteren hatten die Experten anhand einer Skala von eins bis sechs zu bewerten, wie wichtig sie die nach der Literaturrecherche erstellten Kategorien sehen und wie wichtig die identifizierten Attribute[473] Aktualität, Verständlichkeit, ein geringer Ermittlungsaufwand und Entscheidungsrelevanz bei Metriken sind. Die Betrachtung erfolgte ebenso aus grundsätzlichen Überlegungen heraus, wie bezogen auf die sieben in der Literatur besonders gewürdigten Metriken. Zur Bewertung wurde den Gesprächspartnern folgende Skala vorgelegt.

---

473 Vgl. (Gottmann, 2016, p. 41-42)

Geringe Bedeutung	2	3	4	5	Große Bedeutung

Aus strategischen Überlegungen heraus entschied sich der Verfasser an dieser Stelle für eine Skala mit einer geraden Anzahl an Bewertungsmöglichkeiten. So wurde sichergestellt, dass der Befragte keinen Mittelwert wählen kann. Dadurch lässt sich eine Tendenz besser herausarbeiten. Darüber hinaus wurden die Experten nach den ihrer Meinung relevantesten Metriken befragt. Um die Vergleichbarkeit der Aussagen herzustellen, wurde für die an dieser Stelle beschriebenen Expertengespräche ein Leitfaden entwickelt. Mit diesem hier abgebildeten Aufbau wurde ein analoger Gesprächsablauf sichergestellt:

Name:

Zuständigkeitsbereich:

Unternehmen:

1. Verwenden Sie Metriken (Kennzahlen/Indikatoren)?
2. Warum sind Metriken für ein Produktionsnetzwerk wichtig?
3. In welchen Bereichen verwenden Sie Kennzahlen oder Indikatoren?
4. Welche Anforderungen muss eine Kennzahl erfüllen um Ihnen einen Mehrwert zu bieten?
5. Wie sehen Sie die Bedeutsamkeit von Kennzahlen in den folgenden Bereichen: (bitte ankreuzen)

Skala:

Unbedeutsam 1	2	3	4	5	sehr bedeutsam 6

Finanzen					
1	2	3	4	5	6

Produktion					
1	2	3	4	5	6

Ressourcen					
1	2	3	4	5	6

Veränderungsfähigkeit					
1	**2**	**3**	**4**	**5**	**6**

Distribution					
1	**2**	**3**	**4**	**5**	**6**

Qualität					
1	**2**	**3**	**4**	**5**	**6**

6. Bewerten Sie die Eigenschaften der bei Ihnen im Einsatz befindlichen Kennzahlen nach Bedeutung: (ankreuzen)

Aktualität

1 Geringe Bedeutung	2	3	4	5	6 Große Bedeutung

Verständlichkeit

1 Geringe Bedeutung	2	3	4	5	6 Große Bedeutung

Geringer Ermittlungsaufwand

1 Geringe Bedeutung	2	3	4	5	6 Große Bedeutung

Wie bedeutsam sind Kennzahlen für Management-Entscheidungen

nicht relevant 1	2	3	4	5	sehr relevant 6

7. Welche Bedeutung haben theoretische Kennzahlen in der Praxis?

(= Wie wichtig ist Aktualität/ Verständlichkeit/ geringer Ermittlungsaufwand/... bei „Gewinn/Kosten/Qualität/... **Skala von 1-6**)

	Aktualität	**Verständ-lichkeit**	**geringer Emittlungs-aufwand**	**Entscheidungs-relevanz**
Gewinn				
Kosten				
Qualität				
Flexibilität				
Kapazität				
Infrastruktur				
Fachkräfte-qualifikation				

8. Welches sind für Sie die wichtigsten Kennzahlen für Produktionsnetzwerke?

Abbildung 6: Interviewleitfaden für Expertengespräche

5.3 Ergebnisse

Das Forschungsziel der vorliegenden Arbeit ist es, relevante Kennzahlen und Indikatoren für Produktionsnetzwerke zu identifizieren und zu validieren. Nach der Literaturanalyse folgten Experteninterviews zur Überprüfung von in der Literatur abgebildeten Erkenntnissen. An dieser Stelle werden nun die Ergebnisse der Interviews dargelegt.

5.3.1 Einsatz von Metriken

Unternehmen und damit auch Produktionsnetzwerke arbeiten kennzahlenorientiert. Dabei sind allerdings Unterschiede in der Ausprägung festzustellen. Generell geht aus den Interviews hervor, dass mit zunehmender Größe des Unternehmens - und damit steigender Komplexität des Produktionsnetzwerks – verstärkt mit Kennzahlen und Indikatoren gearbeitet wird.

Die Experten haben täglich mit Metriken zu tun. Dabei werden häufig Vergleiche mit Werten aus dem Vorjahr[474] gezogen oder Soll-Ist-Vergleiche[475] gemacht. Werden Kennzahlen in regelmäßigen Zeitabständen neu berechnet, sind Veränderungen feststellbar. Daraus lassen sich Handlungsbedarfe und darauf aufbauend Managemententscheidungen ableiten. Auch eine Standortbestimmung, innerhalb eines Unternehmens oder einer Branche, kann so realisiert werden. Metriken werden also für einen kontinuierlichen Verbesserungsprozess benötigt.[476] [477] [478]

Ebenso dienen Kennzahlen der Dokumentation. Daten werden dazu mittel- und langfristig archiviert.[479] Ein immer bedeut-

---

474 Vgl (Regina Dukart, 2016a)

475 Vgl. (Regina Dukart, 2016j)

476 Vgl. (Regina Dukart, 2016g)

477 Vgl. (Regina Dukart, 2016h)

478 Vgl. (Regina Dukart, 2016i)

479 Vgl. (Regina Dukart, 2016a)

samer werdendes Ziel ist es in diesem Zusammenhang, mittels Metriken auch Aussagen für die Zukunft treffen zu können.[480] [481]

Leistungsmetriken sind außerdem für Kunden und Auditoren notwendig, die sich ebenfalls im Produktionsnetzwerk befinden. Durch diese wird überprüft, ob Vereinbarungen sowie Standards eingehalten werden und die Qualitätsanforderungen erfüllt werden.[482] So werden Unternehmen in Produktionsnetzwerken anhand von Kennzahlen bewertet.[483] Im Lieferantenmanagement wird auf dieser Basis beispielsweise entschieden, ob mit einem bestimmten Lieferanten zusammengearbeitet werden kann. Häufig genutzte Indikatoren sind hierbei der Bereich Qualität und die Lieferzeit.[484]

Kennzahlen helfen dabei, Ziele[485] zu definieren. Unternehmen müssen sich darüber klar sein, welche Umsätze sie erreichen wollen, was die Kundenanforderungen im Produktionsnetzwerk sind, oder auch was man von den Kunden erwartet. Beispielsweise was dieser an Produkten absetzen soll, wie zügig Rechnungen beglichen werden und so fort. Kennzahlen aus der Vergangenheit können dabei helfen, Prognosen für die Zukunft zu treffen. Jedoch erweist es sich auf Grund externer Einflüsse als schwierig, exakte Vorhersagen zu treffen. Einigkeit bestand bei den Experten darin, dass die Produktion für die Automobilbranche gut geplant werden kann, da der Markt bekannten Mechanismen folgt.[486] [487] Anders als beispielsweise die Kosmetik- oder Spielzeugbranche, wo vor dem Verkaufsstart eines Produktes die Marktreaktion kaum vorhergesagt werden kann. Zwar arbeiten

---

480 Vgl. (Regina Dukart, 2016f)

481 Vgl. (Regina Dukart, 2016b)

482 Vgl. (Regina Dukart, 2016b)

483 Vgl. (Regina Dukart, 2016f)

484 Vgl. (Regina Dukart, 2016i)

485 Vgl. (Regina Dukart, 2016f)

486 Vgl. (Regina Dukart, 2016b)

487 Vgl. (Regina Dukart, 2016g)

Unternehmen auch in solch volatilen Branchen mit Planzahlen. Diese sind allerdings weit weniger belastbar. Deshalb wird versucht, die Planungsunsicherheit beispielsweise durch einen Mix aus bereits bekannten Produkten und Neuemissionen auszugleichen.[488]

Leistungsmetriken nutzt man des Weiteren in der Steuerung[489] [490] eines Produktionsnetzwerks. Über das ganze Jahr hinweg werden geschäftspolitische Ziele gesetzt, die man z. B. monatlich oder pro Quartal nachhält. Dies ermöglicht ein zeitnahes Eingreifen des Managements. Es wird also mit Metriken gearbeitet, um „eine gewisse Transparenz über [den] gesamten Wertstrom zu ermöglichen" und Verbesserungsmaßnahmen zu fördern.[491] Kennzahlen geben Aufschluss darüber, wie profitabel ein Bereich, ein Werk oder Unternehmen ist.[492]

Kennzahlen und Indikatoren finden in allen Bereichen Anwendung, bei den Finanzen, in der Verwaltung, der Buchhaltung, im Personalwesen, der Fertigungsplanung und Produktion, im Shop Floor, in Qualitätsmanagement und Einkauf bis hin zum Vertrieb.[493] [494] [495] [496] [497] [498] Diese Nennungen belegen, dass die durch die Verfasserin erstellten Kategorien der Kennzahlen und Indikatoren adäquat gewählt wurden. Es zeigt sich, dass sämtliche durch die Experten angesprochenen Themenfelder abgedeckt werden.

---

[488] Vgl. (Regina Dukart, 2016b)

[489] Vgl. (Regina Dukart, 2016d)

[490] Vgl. (Regina Dukart, 2016e)

[491] Vgl. (Regina Dukart, 2016f)

[492] Vgl. (Regina Dukart, 2016f)

[493] Vgl. (Regina Dukart, 2016c)

[494] Vgl. (Regina Dukart, 2016a)

[495] Vgl. (Regina Dukart, 2016b)

[496] Vgl. (Regina Dukart, 2016d)

[497] Vgl. (Regina Dukart, 2016h)

[498] Vgl. (Regina Dukart, 2016e)

5.3.2 Anforderungen an Metriken

Sinnvoll sind Metriken dann, wenn sie ihrem Nutzer einen Mehrwert bieten. Damit dies gegeben ist, muss eine Metrik bestimmte Attribute aufweisen. So wird in der Praxis darauf Wert gelegt, dass Metriken aktuell sind.[499] [500] [501] Aktualität ist dabei ein relativer Begriff, der im Kontext betrachtet werden muss. Teils werden Kennzahlen tagesaktuell benötigt, teils sind längere Intervalle ausreichend.[502] [503] Vereinfacht gesagt müssen Metriken so beschaffen sein, dass sie „noch eine Reaktion hervorrufen können".[504]

Kennzahlen und Indikatoren sollten zudem einfach sein, so dass sie für alle Anwender in ihrer Aussage nachvollziehbar sind. Ist eine Kennzahl in ihrer Aussage nicht klar, kann dies negative Auswirkungen haben, da falsche Schlüsse und Entscheidungen gezogen werden könnten.[505] Metriken sollten Genauigkeit und Plausibilität bieten.[506] Eine Kennzahl hat symbolischen Charakter und soll gelebt werden. Eine zu hohe Komplexität der Metrik vermindert die Nachvollziehbarkeit und die Verständlichkeit.[507] Eine Kennzahl bietet eben nur dann einen Mehrwert, wenn sie für Transparenz über den gesamten Wertstrom sorgt.[508]

Darüber hinaus sollte eine Kennzahl realistisch und erreichbar sein sowie den Markt widerspiegeln. Zusätzlich sollte deren

499 Vgl. (Regina Dukart, 2016b)

500 Vgl. (Regina Dukart, 2016h)

501 Vgl. (Regina Dukart, 2016j)

502 Vgl. (Regina Dukart, 2016d)

503 Vgl. (Regina Dukart, 2016e)

504 (Regina Dukart, 2016f)

505 Vgl. (Regina Dukart, 2016f)

506 Vgl. (Regina Dukart, 2016h)

507 Vgl. (Regina Dukart, 2016c)

508 Vgl. (Regina Dukart, 2016e)

Ermittlungsaufwand nicht höher sein als der Nutzen [509] Metriken sollten sich ebenso durch eine klar nachvollziehbare Rechenlogik auszeichnen und sich „innerhalb eines Kennzahlenbaumes nach oben weiter entwickeln können".[510] Sie sollten aufeinander abgestimmt sein und eine Zielkenngröße enthalten.[511] Eine isolierte Zahl ist nicht aussagekräftig, weil sie nicht verglichen werden kann und somit keine Schlussfolgerungen zulässt.[512] Am effektivsten sind Metriken, die in Relation zu etwas gestellt werden können, z. B. gibt ein prozentualer Wert einen guten Vergleich zwischen einem Soll- und Ist-Zustand.[513]

Auch sollten Metriken individuell auf das Unternehmen zugeschnitten sein. Dies ermöglicht Mitarbeitern, Abteilungsleitern und Teamleitern sich mit diesen Metriken zu identifizieren, die Metriken anzunehmen und damit zu arbeiten.[514]

Als problematisch erweist sich allerdings die Erhebung der Datenbasis in der Praxis. Manchmal sind es für eine Datenerhebung nicht ausgebildete Mitarbeiter wie Produktionshelfer, die während ihrer eigentlichen Tätigkeit nebenbei, teils manuell, etwas zu ermitteln haben. Unkenntnis oder mangelndes Interesse kann hier zu Ungenauigkeiten bei der Erhebung führen. Deshalb sollte die Ermittlung einer Kennzahl keinen Einfluss auf die eigentliche Arbeit haben und der Erfassungsaufwand sollte möglichst gering gehalten werden[515].

5.3.3 Bewertung von Metriken in der Praxis

Gemäß Interviewleitfaden wurden die im Rahmen der vorliegenden Arbeit definierten Kategorien durch die Experten bewer-

[509] Vgl. (Regina Dukart, 2016d)

[510] (Regina Dukart, 2016e)

[511] Vgl. (Regina Dukart, 2016e)

[512] Vgl. (Regina Dukart, 2016e)

[513] Vgl. (Regina Dukart, 2016j)

[514] Vgl. (Regina Dukart, 2016g)

[515] Vgl. (Regina Dukart, 2016i)

tet. Dabei ist festzustellen, dass die aus der Literatur abgeleitete Rangordnung eine signifikante Abweichung aufweist.

Theorie	Punkte	Praxis	Punkte
Finanzen	288	Qualität	58
Produktion	177	Finanzen	55
Ressourcen	161	Produktion	54
Veränderungs-fähigkeit	126	Ressourcen	51
Distribution	62	Distribution	48
Qualität	59	Veränderungs-fähigkeit	42

Tabelle 71: Bewertung der Kategorien nach Bedeutung in Theorie und Praxis

Demnach hat das Themenfeld Qualität in der Praxis einen wesentlich höheren Stellenwert, als in der Literatur abgebildet wird. War Qualität in der Literaturanalyse am wenigsten relevant, genießt das Feld bei Experten in der Praxis den höchsten Stellenwert.

Hingegen weist die, auf Basis der Literatur erstelle, Rangfolge bei den übrigen Positionen weitgehend Übereinstimmung mit der Sicht der Experten auf. Lediglich die Bedeutung von Distribution und Veränderungsfähigkeit ist aus Sicht der Experten zu Gunsten der Distribution verschoben.

Die nachfolgende Tabelle gibt hierzu einen Überblick. In der Summen-Spalte wird dabei die absolut erreichte Punktzahl ausgewiesen. Bei einer Höchstpunktzahl von sechs Punkten je Experte und Kategorie beträgt der erreichbare Maximalwert 60 Punkte, was 100 Prozent entsprechen würde. Die Spalte Durchschnitt weist die durchschnittlich vergebene Punktzahl aus. Hier liegt der höchste erreichte Wert bei 5,8 Punkten (Qualität). Am schlechtesten schnitt das Themenfeld Veränderungsfähigkeit mit 4,2 Punkten ab. Allerdings zeigt die Spanne von 1,6 Punkten, was einer effektiven Varianz von 27 Prozent entspricht, nur einen geringen Unterschied in der Hierarchie. Daraus lässt sich ableiten, dass alle Bereiche im Produktionsnetzwerk als relevant betrachtet werden können. Vor diesem Hintergrund ist die Überwachung mit Kennzahlen eine wichtige Managementfunktion.

Kategorie	Σ	%	Ø
Qualität	58	97	5,8
Finanzen	55	92	5,5
Produktion	54	90	5,4
Ressourcen	51	85	5,1
Distribution	48	80	4,8
Veränderungs-fähigkeit	42	70	4,2

Tabelle 72: Rangordnung der Kategorien nach Expertenbewertung

Ferner wurde im Rahmen der Experteninterviews eine Bewertung der Attribute von Kennzahlen vorgenommen. Hier kommt der Verständlichkeit einer Metrik höchste Bedeutung zu. Es folgen Aktualität und Relevanz für Managemententscheidungen. Ein geringer Ermittlungsaufwand ist zwar nicht unwichtig. Allerdings besitzen manche Kennzahlen so hohe Relevanz, dass der zur Ermittlung notwendige Aufwand in den Hintergrund tritt.[516]

---

[516] Vgl. (Regina Dukart, 2016e)

Attribute	∑	%	Ø
Verständlichkeit	57	95	5,7
Aktualität	52	87	5,2
Relevanz für Managemententscheidungen	49	82	4,9
Geringer Ermittlungsaufwand	46	77	4,6

Tabelle 73: allgemeine Bewertung der Attribute

Ebenfalls wurden die Expertengespräche dazu genutzt, in Erfahrung zu bringen, welche Rolle Attribute in den verschiedenen Themenfeldern spielen. Dabei wurde festgestellt, dass Verständlichkeit in den Feldern Kosten, Qualität und Gewinn in besonders hohem Maße eingefordert wird. Die maximale Varianz beträgt 35 Prozent und wird dabei zwischen Kosten und Flexibilität gemessen. Damit ist die Bedeutung über alle Bereich im ersten Drittel der Skala verortet. Dies verdeutlicht, dass es im Wesentlichen keine Metrik gibt, bei der nicht auf Verständlichkeit zu achten ist.

Verständlichkeit	∑	%	Ø
Kosten	58	97	5,8
Qualität	57	95	5,7
Gewinn	56	93	5,6
Kapazität	51	85	5,1
Fachkräftequalifikation	49	82	4,9
Infrastruktur	38	63	3,8
Flexibilität	37	62	3,7

Tabelle 74: Bewertung der Leistungsmetriken hinsichtlich Verständlichkeit

Das Thema Aktualität wird insbesondere in den Metriken Qualität, Kosten und Kapazität eingefordert. Dies lässt sich darauf zurückführen, dass diese Felder in erster Linie den laufenden Geschäftsbetrieb betreffen. Wie unter 4.3.2 beschrieben, ist schnelles Eingreifen in diesen Unternehmensbereichen für das Erreichen der gesteckten Ziele unabdingbar. Die maximale Abweichung zwischen Qualität mit 54 Interview-Punkten und Infrastruktur mit 35 Interviewpunkten entspricht 32 Prozent. Damit fällt lediglich der Punkt Infrastruktur aus dem ersten Bewertungsdrittel – und auch nur knapp. Somit kann dem Attribut Aktualität ebenfalls in allen Bereichen Relevanz zugesprochen werden.

Aktualität	∑	%	Ø
Qualität	54	90	5,4
Kosten	53	88	5,3
Kapazität	51	85	5,1
Gewinn	48	80	4,8
Fachkräftequalifikation	42	70	4,2
Flexibilität	39	65	3,9
Infrastruktur	35	58	3,5

Tabelle 75: Bewertung der Leistungsmetriken hinsichtlich Aktualität

Ein ähnliches Bild ergibt die Überprüfung des Themenfeldes Relevanz für Managemententscheidungen. Hier belegen Kosten und Gewinn mit 56 bzw. 55 Interviewpunkten die Spitzenplätze. Weniger relevant erscheinen Fachkräftequalifikation, Flexibilität und Infrastruktur. Sie wurden durchschnittlich mit 4,1 bzw. mit 4,3 Punkten bewertet – was allerdings immer noch hohe Bedeutung signalisiert. Dies stärkt die in den Gesprächen zum Ausdruck gebrachte Haltung. Demnach stellen Unternehmen nur dann Ressourcen für den Einsatz von Metriken zur Verfügung, wenn diese Erkenntnisse zur Unternehmensführung liefern können.

Relevanz für Management-entscheidungen	Σ	%	Ø
Kosten	56	93	5,6
Gewinn	55	92	5,5
Qualität	52	87	5,2
Kapazität	50	83	5,0
Fachkräftequalifikation	43	72	4,3
Flexibilität	41	68	4,1
Infrastruktur	41	68	4,1

Tabelle 76: Bewertung der Leistungsmetriken der Entscheidungsrelevanz

Mit einer durchschnittlichen Bewertung von 4,0 Punkten gegenüber 4,9 Punkten in der bedeutsamsten Kategorie Verständlichkeit fällt die Bedeutsamkeit des Ermittlungsaufwandes bereits merklich ab. Lediglich auf dem Gebiet der Qualität sieht man die Wichtigkeit dieses Feldes im ersten Quartil. Allerdings werden nur in den Bereichen Gewinn und Infrastruktur Punkte im letzten Drittel vergeben. Dies bestätigt die bereits in den Interviews verbal zum Ausdruck gebrachte Position. Wird eine Kennzahl unbedingt benötigt, so spielt der Ermittlungsaufwand eine untergeordnete Rolle. Dennoch wird bei der Erhebung auf Effizienz geachtet.

Geringer Ermittlungsaufwand	Σ	%	Ø
Qualität	47	78	4,7
Fachkräfte-qualifikation	42	70	4,2
Kapazität	42	70	4,2
Flexibilität	40	67	4,0
Kosten	40	67	4,0
Gewinn	36	60	3,6
Infrastruktur	36	60	3,6

Tabelle 77: Bewertung der Leistungsmetriken hinsichtlich eines geringen Ermittlungsaufwandes

5.4 Analyse der Metriken in der Praxis

Die Untersuchung der einzelnen Metriken in Bezug auf ihre Beschaffenheit hat gezeigt, dass in unterschiedlichen Unternehmensbereichen differierende Anforderungen gestellt werden. Dies macht eine Einzelbetrachtung der Metriken in Bezug auf die Bedeutsamkeit der identifizierten Attribute notwendig. Denn nur wenn die geforderten Anforderungen erfüllt werden, leistet eine Metrik den geforderten Mehrwert für die Unternehmensführung.

Gleichzeitig wird deutlich, dass die Anforderungen an Metriken analog zur unternehmerischen Relevanz ansteigen. Vergleicht man die in Tabelle 4-73 dargestellte Priorisierung der Kategorien mit der den möglichen Attributen zugeschriebenen Relevanz, ergibt sich Deckungsgleichheit. So stehen, wie in der folgenden Tabelle dargestellt, Metriken aus dem Bereich Qualität und Finanzen, bestehend aus Kennzahlen für Kosten und Gewinn, auf den vorderen Plätzen.

Lediglich die Kategorie Distribution findet sich darin nicht wieder. Dies ist dem systematischen Aufbau der vorliegenden Arbeit geschuldet. Sie konzentriert sich auf die in der Literaturanalyse am Häufigsten genannten Metriken. Hierbei wurde der Bereich Distribution bewusst aussortiert, da die meisten in diesem Zusammenhang benannten Kennzahlen in stärkerem Maße in anderen Bereichen zum Einsatz kommen. Eine Doppelberücksichtigung wurde, um eine maximale Vergleichbarkeit zu erreichen, im Vorfeld ausgeschlossen.

	Aktualität	Verständlichkeit	Geringer Ermittlungsaufwand	Relevanz für Managemententscheidungen	Σ
Qualität	54	57	47	52	210
Kosten	53	58	40	56	207
Gewinn	48	56	36	55	195
Kapazität	51	51	42	50	194
Fachkräftequalifikation	42	48	42	43	176
Flexibilität	39	37	40	41	157
Infrastruktur	35	38	36	41	150

Tabelle 78: Gesamtübersicht über alle durch Experten bewerteten Metriken in absteigender Rangfolge

5.4.1 Qualität

Wie unter 4.3.3 dargelegt, besitzt der Einsatz von Metriken im Themenfeld Qualität den höchsten Stellenwert. Diese Bedeutsamkeit kommt auch bei den Anforderungen an die Kennzahlen zum Ausdruck. So bewerten die Experten die Bedeutsamkeit für Aktualität (54 Punkte), Verständlichkeit (57 Punkte) und Relevanz für Managemententscheidungen (52 Punkte) auf einer maximal 60 Punkte zählenden Skala durchgängig sehr hoch. Lediglich der Ermittlungsaufwand (47 Punkte) wird als weniger relevant eingeschätzt – was sich mit den bereits gewonnenen Erkenntnissen deckt. Demnach spielt der Erhebungsaufwand für hoch priorisierte Metriken eine untergeordnete Rolle.

5.4.2 Kosten und Gewinn

Die Kategorie Finanzen speist sich aus Metriken für Kosten und Gewinn. Sie erhielt in den Expertengesprächen die zweitwichtigste Priorisierung. Damit einhergehen hohe Anforderungen an die einzusetzenden Metriken. In Bezug auf die Kostenbetrachtung kommt der Aktualität dabei eine etwas höhere Bedeutung zu als bei der Gewinnbetrachtung. Dies ist darauf zurückzuführen, dass die Kosten im laufenden Geschäftsbetrieb ständig auf dem Prüfstand stehen – und ggf. ein Eingreifen erforderlich ist. Hingegen sind bei der Gewinnermittlung größere Intervalle – in der Regel quartalsweise oder jährlich – akzeptiert. Da der Gewinn nicht nur für die Unternehmensführung, sondern für weitere Stakeholder, bspw. Kreditgeber, Finanzbehörden oder Börsenaufsicht, zu ermitteln ist, spielt bei diesem der Aufwand zur Erhebung eine merklich geringere Rolle. Kaum unterscheiden lässt sich die Relevanz für Managemententscheidungen – was die Grundlage für die hohe Bedeutsamkeit der Metriken in diesen Bereichen legt.

5.4.3 Kapazität

Mit einem Anforderungspunktwert von 194 – was 92 Prozent des in der Kategorie Qualität gemessenen Spitzenwertes von

210 Anforderungspunkten entspricht – belegen auch Metriken zur Kapazitätsbewertung, dass sie in der Praxis einen hohen Stellenwert besitzen. Metriken aus diesem Themenfeld wurden in der vorliegenden Arbeit der Kategorie Produktion zugerechnet. Prinzipiell lässt sich die Produktion auch als eine Ressource beschreiben. Sie nimmt allerdings innerhalb eines Unternehmens eine Sonderstellung ein. Einerseits, weil sie limitierende Wirkung auf den gesamten Geschäftsbetrieb haben kann – beispielsweise, wenn die Produktionskapazität nicht ausreicht, um definierte Vertriebsziele zu bedienen. Andererseits, weil bei Überkapazitäten in vielen anderen Bereichen Kosten- und Qualitätsziele nicht mehr erreichbar sind. Aus dieser zentralen Bedeutung für den wirtschaftlichen Erfolg einer Unternehmung generieren sich die hohe Wichtigkeit der Kategorie Produktion ebenso, wie die hohen Anforderungen an die Ausgestaltung der Metriken für dieses Feld.

Die Bedeutung der dieser Kategorie zugeordneten Metriken lässt sich ebenfalls am Anforderungsprofil ablesen. So wird die Bedeutung der festgestellten Attribute im Schnitt mit 50,7 Punkten angegeben, was im Mittel einer Ausschöpfung von 84,4 Prozentpunkten entspricht. Der Wert für maximale Bedeutsamkeit eines Attributes liegt in der Betrachtung bei 60 Punkten. Lediglich die Bedeutung eines geringen Ermittlungsaufwandes fällt mit 42 Punkten – also 10 Skalenpunkten – niedriger aus.

5.4.4 Fachkräftequalifikation und Infrastruktur

In der Kategorie Ressourcen wurden die Themenfelder Fachkräftequalifikation und betriebliche Infrastruktur im Allgemeinen, allerdings ohne den Bereich Produktion, zusammengefasst. Auf der maximal 60 Punkte zählenden Skala zur Erfassung der Bedeutung von Attributen der diesen Feldern zugeordneten Metriken wird im Mittel ein Wert von 163 Bewertungspunkten, also 77,8 Prozentpunkten erreicht. Den Kennzahlen zur Fachkräftequalifikation kommt dabei mit 175 Punkten messbar höhere Bedeutung zu als der übrigen Infrastruktur.

Dies lässt sich damit erklären, dass die Ressource ‚Fachkraft' – insbesondere in spezialisierten Branchen – nicht in ausreichendem Maße am Arbeitsmarkt vorhanden ist. Es braucht also eine intensivere Steuerung. Schlagen beim Personal doch zudem noch unkalkulierbare Faktoren wie Krankenstand oder Fluktuation zu Buche. Natürlich kann es auch bei der allgemeinen betrieblichen Infrastruktur Engpässe geben. Allerdings ist in diesem Feld die Planung einfacher. Dies spiegelt sich auch im Anforderungsprofil an solche Metriken wieder. Für sich betrachtet nehmen diese mit 150 Punkten den niedrigsten Wert an.

5.4.5 Flexibilität

Unternehmen sind einem ständigen Wandel unterworfen. Sich ändernde Kundenbedürfnisse, neue rechtliche Rahmenbedingungen, technische Errungenschaften oder eine veränderte Wettbewerbssituation erfordern Veränderungsfähigkeit. Die in dieser Kategorie eingesetzten Kennzahlen haben die Aufgabe, Flexibilität abzubilden. Obwohl in einer globalisierten Welt Veränderung beinahe zum Tagesgeschäft gehört, räumen die interviewten Experten der Kategorie Veränderungsfähigkeit den geringsten Stellenwert ein. Dies kommt auch bei den Anforderungen an die in diesem Umfeld eingesetzten Metriken zum Ausdruck. Hier fällt die den einzelnen Attributen zugeschriebene Wichtigkeit mit durchschnittlich 37,5 Punkten gegenüber der Spitzengruppe aus dem Bereich Qualität um ein Viertel geringer aus.

5.5 Praktischer Einsatz

Für die bisherige Betrachtung wurde im Rahmen der Expertengespräche ein gestütztes Interview geführt. Das heißt, die Experten wurden zu den zuvor in der Theorie ermittelten Aspekten befragt. Abschließend wurden die Experten ungestützt danach befragt, welche Metriken in ihrem Arbeitsumfeld tatsächlich eingesetzt werden. Dabei wurden die folgenden Metriken, die hier nach Nennhäufigkeit geordnet sind, angeführt: Qualität[517] [518] [519] [520] [521] [522] [523], EBIT[524] [525] [526] [527] [528] [529], Liefertreue[530] [531] [532] [533] [534] [535], Produktivität[536] [537] [538] [539] [540] [541], Kosten[542] [543] [544] [545] [546] und Umsatz[547] [548]

---

517 Vgl. (Regina Dukart, 2016a)

518 Vgl. (Regina Dukart, 2016d)

519 Vgl. (Regina Dukart, 2016e)

520 Vgl. (Regina Dukart, 2016f)

521 Vgl. (Regina Dukart, 2016h)

522 Vgl. (Regina Dukart, 2016i)

523 Vgl. (Regina Dukart, 2016j)

524 Vgl. (Regina Dukart, 2016d)

525 Vgl. (Regina Dukart, 2016e)

526 Vgl. (Regina Dukart, 2016f)

527 Vgl. (Regina Dukart, 2016g)

528 Vgl. (Regina Dukart, 2016i)

529 Vgl. (Regina Dukart, 2016j)

530 Vgl. (Regina Dukart, 2016d)

531 Vgl. (Regina Dukart, 2016e)

532 Vgl. (Regina Dukart, 2016f)

533 Vgl. (Regina Dukart, 2016h)

534 Vgl. (Regina Dukart, 2016i)

535 Vgl. (Regina Dukart, 2016j)

536 Vgl. (Regina Dukart, 2016c)

537 Vgl. (Regina Dukart, 2016d)

538 Vgl. (Regina Dukart, 2016e)

539 Vgl. (Regina Dukart, 2016g)

540 Vgl. (Regina Dukart, 2016h)

541 Vgl. (Regina Dukart, 2016j)

542 Vgl. (Regina Dukart, 2016a)

543 Vgl. (Regina Dukart, 2016b)

544 Vgl. (Regina Dukart, 2016c)

545 Vgl. (Regina Dukart, 2016d)

[549] [550] [551] wurden am häufigsten aufgezählt. Ausschussquote[552] [553] [554], Gewinn[555] [556] [557], Reklamationsquote[558] [559] [560], Auftragsstand[561] [562], Krankheitsquote[563] [564], (kurzfristige) Rentabilität[565] [566], Liquidität[567] [568] und Fehlerquote[569] [570] werden seltener aufgezählt. Einfache Nennung erhielten CAPEX[571], Deckungsbeitrag[572], EBITA[573],

---

546 Vgl. (Regina Dukart, 2016e)

547 Vgl. (Regina Dukart, 2016b)

548 Vgl. (Regina Dukart, 2016e)

549 Vgl. (Regina Dukart, 2016f)

550 Vgl. (Regina Dukart, 2016h)

551 Vgl. (Regina Dukart, 2016j)

552 Vgl. (Regina Dukart, 2016b)

553 Vgl. (Regina Dukart, 2016f)

554 Vgl. (Regina Dukart, 2016g)

555 Vgl. (Regina Dukart, 2016a)

556 Vgl. (Regina Dukart, 2016c)

557 Vgl. (Regina Dukart, 2016f)

558 Vgl. (Regina Dukart, 2016b)

559 Vgl. (Regina Dukart, 2016d)

560 Vgl. (Regina Dukart, 2016i)

561 Vgl. (Regina Dukart, 2016b)

562 Vgl. (Regina Dukart, 2016e)

563 Vgl. (Regina Dukart, 2016a)

564 Vgl. (Regina Dukart, 2016b)

565 Vgl. (Regina Dukart, 2016h)

566 Vgl. (Regina Dukart, 2016j)

567 Vgl. (Regina Dukart, 2016f)

568 Vgl. (Regina Dukart, 2016h)

569 Vgl. (Regina Dukart, 2016f)

570 Vgl. (Regina Dukart, 2016i)

571 Vgl. (Regina Dukart, 2016d)

572 Vgl. (Regina Dukart, 2016j)

EBT[574], Eigenkapitalquote[575], Fertigungsmenge[576], Fertigwarenbestand[577], Flexibilität[578], Gesamtkapitalrentabilität[579], Innovationsquote[580], IRR[581], Kommissionierqualität[582], Lagerbestände[583], Lagerwert[584], Lieferzeit[585], OEE[586], Personaleinsatz[587], Produktionsauslastung[588], Produktqualität[589], Technologieumsatz[590], Umsatzrentabilität[591], Verschuldungsgrad[592], Wertschöpfung[593] und Working Capital[594].

---

573 Vgl. (Regina Dukart, 2016i)

574 Vgl. (Regina Dukart, 2016e)

575 Vgl. (Regina Dukart, 2016h)

576 Vgl. (Regina Dukart, 2016b)

577 Vgl. (Regina Dukart, 2016d)

578 Vgl. (Regina Dukart, 2016c)

579 Vgl. (Regina Dukart, 2016h)

580 Vgl. (Regina Dukart, 2016h)

581 Vgl. (Regina Dukart, 2016g)

582 Vgl. (Regina Dukart, 2016h)

583 Vgl. (Regina Dukart, 2016h)

584 Vgl. (Regina Dukart, 2016j)

585 Vgl. ((Regina Dukart, 2016c)

586 Vgl. (Regina Dukart, 2016g)

587 Vgl. (Regina Dukart, 2016d)

588 Vgl. (Regina Dukart, 2016b)

589 Vgl. (Regina Dukart, 2016h)

590 Vgl. (Regina Dukart, 2016h)

591 Vgl. (Regina Dukart, 2016h)

592 Vgl. (Regina Dukart, 2016h)

593 Vgl. (Regina Dukart, 2016d)

594 Vgl. (Regina Dukart, 2016d)

5.6 Diskussion

Betrachtet man die in den Expertengesprächen ermittelten Positionen, so ergibt sich ein in sich geschlossenes Bild. In einem ersten Schritt wurde erhoben, wie wichtig der Einsatz von Metriken in unterschiedlichen Bereichen, den sog. Kategorien, in der Praxis ist. In einem weiteren Schritt wurde eruiert, wie wichtig bestimmte Attribute für den Einsatz der Metriken sind. Dabei wurde deutlich, dass in verschiedenen Kategorien unterschiedlich hohe Anforderungen an eine Kennzahl gestellt werden. Bei Analyse der einzelnen Ergebnisse wird klar, dass dort, wo Metriken besonders wichtig angesehen werden, auch hohe Anforderungen an die Kennzahlen gestellt werden.

Im Rahmen einer quantitativen Inhaltsanalyse wurde eine Bewertung der Relevanz einzelner Metriken aus theoretischer Sicht vorgenommen. Diesem Ansatz liegt die Annahme zu Grunde, dass häufig beschriebenen Metriken in Wissenschaft und Forschung höhere Bedeutung zugemessen werden kann, als weniger oft behandelten. Auf Basis dieser quantitativen Erhebung wurde schließlich das ebenfalls in Tabelle 4-80 dargestellte Ranking erstellt. Dieses weist allerdings gegenüber der gestützt durchgeführten Expertenbefragung eine deutlich abweichende Priorisierung auf.

Theorie	Punkte	Praxis	Punkte
Fachkräfte-qualifikation	63	**Qualität(srate)**	210
Flexibilität	52	**Kosten**	207
Kapazität	51	**Gewinn**	195
Kosten	50	**Kapazität**	194
Infrastruktur	49	**Fachkräfte-qualifikation**	176
Gewinn	43	**Flexibilität**	157
Qualität(srate)	42	**Infrastruktur**	150

Tabelle 79: Abgleich der Prioritäten in Theorie und Praxis

So sind laut Expertenmeinung bei dieser Bewertung vor allem Metriken in den Bereichen Kosten, Gewinn und Qualität ausschlaggebend für Management Entscheidungen. Es folgen in ihrer Bedeutung Kapazität, Fachkräftequalifikation sowie Flexibilität und Infrastruktur. Diese Reihung ist nachvollziehbar, da monetärer Erfolg die zentrale Größe unternehmerischer Tätigkeit darstellt. Hieraus werden die Leitplanken für die Tätigkeit der einzelnen Funktionsstellen innerhalb des Produktionsnetzwerkes entwickelt. Auch der Bereich Qualität stellt eine fundamentale Stellgröße für den wirtschaftlichen Erfolg dar. Nur wenn es gelingt die Erwartungen der Kunden zu erfüllen und den eigenen Aufwand durch sorgsamen Umgang mit Ressourcen zu minimieren, lassen sich gesteckte Vertriebsziele erreichen.

Der wissenschaftliche Diskurs beschäftigt sich aktuell – für die Literaturanalyse wurden ausschließlich Publikationen der letzten fünf Jahre berücksichtigt – hingegen in erster Linie mit Kennzahlen zur Fachkräftequalifikation. Dies kann den aktuell mutmaßlich zunehmenden Rekrutierungsproblemen[595] in Bezug auf den als Folge des Demografischen Wandels zu erwartenden Fachkräftemangels[596] geschuldet sein. Hierbei handelt es sich also um ein aktuelles Forschungsfeld, ähnlich dem als zweitwichtigstes Feld definierten Bereich der Flexibilität. Hier spiegeln sich die höhere Wettbewerbsdynamik und neue Möglichkeiten der Informations- und Kommunikationstechnik[597] wider. Den damit einhergehenden, permanenten Veränderungsdruck hat die Wissenschaft ebenfalls als neue Spielwiese identifiziert. Hingegen sind, Kosten, Infrastruktur, Gewinn und Qualität etablierte Felder der seit dem 19. Jahrhundert entwickelten Betriebswirtschaft[598]. Dies mag dazu beitragen, dass viele Bereiche bereits als weitgehend ergründet – und daher als Forschungsfeld weniger attraktiv erscheinen.

Der Abgleich von Theorie und Praxis erfolgte im Rahmen der vorliegenden Forschungsarbeit allerdings auch noch auf einer zweiten Ebene. So wurden die Probanden ungestützt befragt, Metriken welcher Kategorien von ihnen in ihren jeweiligen Produktionsnetzwerken tatsächlich aktiv genutzt werden. Wie in der Literaturrecherche wurde hier ein Ranking basierend auf der Anzahl der Nennungen durch die Experten vorgenommen. Der Vergleich wird in der folgenden Tabelle 4-80 dargestellt.

---

[595] Vgl. (Himsel 2013 #79I: p. 216)

[596] Vgl. (Bäcker 2013 #80I: p. 66)

[597] Vgl. (Boersch 2007 #81I: p. 41)

[598] Vgl.(Beck 2011 #82I)

Rang		Literatur		Gestützte Befragung		Freie Befragung
1		Fachkräfte-qualifikation		Qualität(srate)		Gewinn
2		Flexibilität		Kosten		Qualität(srate)
3		Kapazität		Gewinn		Kapazität
4		Kosten		Kapazität		Kosten
5		Infrastruktur		Fachkräftequalifikation		Infrastruktur
6		Gewinn		Flexibilität		Flexibilität
7		Qualität(srate)		Infrastruktur		Fachkräftequalifikation

Tabelle 80: Abgleich der Kategorie-Prioritäten in Theorie und Praxis

Demnach messen die Experten Metriken beim Managen der Finanzen sowohl in der gestützten als auch der freien Befragung eine hohe Bedeutung bei. Das entspricht auch deren allgemeinen Bewertung der Kategorien, wo Finanzen mit 92% der erreichbaren Punkte am zweit wichtigsten beurteilt wurden. Dies ist gut nachvollziehbar, denn hier werden die Weichen für den monetären Erfolg einer Unternehmung gestellt.

Ebenfalls in beiden Interviewvarianten werden Kennzahlen zur Qualität als sehr bedeutend eingestuft. Dies lässt sich mit dem heutigen Qualitätsanspruch der Stakeholder im Produktionsnetzwerk und am Markt erklären. Exemplarisch genannt sei hier die Medizintechnik[599], in der nach dem Null-Fehler Prinzip gearbeitet wird. Ist nur ein einziges Teil innerhalb einer Lieferung defekt oder fehlerhaft, wird die komplette Charge an den Produzenten zurückgegeben[600], ohne dass die Ware weiter geprüft wird oder

---

599 Vgl. (Regina Dukart, 2016h)

600 Vgl. (Regina Dukart, 2016b)

Nachbesserungen innerhalb der Werte-Strom-Kette durchführt werden. Für nachgelagerte Stationen im Produktionsnetzwerk führt dies zu negativen Folgen wie einer schlechten Kundenzufriedenheit oder Stillstand der Produktionskette. Bei dem Fehlerverursacher schlagen unterdessen höhere Logistikkosten, erhöhte Materialkosten und zusätzliche Personalkosten, falls erneut produziert werden muss, zu Buche. Im „Worst Case" wird ein Lieferant durch dessen Wettbewerber ersetzt.

Bewertet man die aktuelle Forschungsarbeit gegenüber den praktischen Anforderungen und dem derzeitigen Nutzungsgrad, so liegt der Schluss nahe, die Literatur müsste einen größeren Fokus auf Umsatz, Liefertreue und Produktivität richten. Dieser Eindruck wird jedoch relativiert, werden statt der einzelnen Metriken Steuerungsbereiche, also Kategorien betrachtet. Hier besitzen auch in der Literatur die Finanzen höchste Priorität. An zweiter Stelle folgt Produktion vor den Ressourcen. Lediglich das an letzter Stelle gelistete Thema Qualität scheint in der Literatur im Vergleich zu praktischen Bedürfnissen final unterrepräsentiert.

6 Ausblick und Limitation

Ziel der vorliegenden Forschungsarbeit ist es, die aktuelle Relevanz von Metriken innerhalb von Produktionsnetzwerken darzulegen. Insbesondere soll damit nachvollziehbar werden, an welcher Stelle und mit welcher Motivation innerhalb eines Produktionsnetzwerkes mit Kennzahlen gearbeitet wird. Dazu wurden im Rahmen einer Literaturanalyse Ansätze identifiziert, die anschließend mit Experten auf ihre praktische Relevanz hin abgeprüft wurden.

Um im Rahmen dieser Master-Arbeit einen groben Überblick liefern zu können, wurden die theoretischen Erkenntnisse an Praktikern unterschiedlicher Branchen und Betriebsgrößen erprobt. Dabei hat sich gezeigt, dass es inhaltlich große Übereinstimmung bei den Experten gibt. Allerdings lieferten die Angaben zum praktischen Einsatz von Metriken Anhaltspunkte zu einer Diversifikation. Während das Management bei größeren Unternehmen oder Konzernen versucht, rein auf Kennzahlenbasis zu entscheiden, werden bei kleineren mittelständischen Unternehmen Entscheidungen auch aus Erfahrung oder dem Bauch heraus getroffen und anschließend mit Kennzahlen lediglich nachgehalten.[601] Das könnte daran liegen, dass man bei mittelständischen Unternehmen auf Grund der geringeren Komplexität Zusammenhänge einfacher erkennen kann und so auch ohne Indikatoren noch behalten kann.

Die Anzahl von zehn Probanden in der qualitativen Analyse erlaubt es der Verfasserin dieser Arbeit nicht, Aussagen zur Nutzung von Metriken in Bezug zur Unternehmensgröße oder Branche zu treffen. Hier könnten sich allerdings künftige Forschungsprojekte anschließen.

Darüber hinaus gibt die vorliegende Master-Thesis Aufschluss darüber, dass die Kennzahlen-Forschung bereits aktuelle Trends wie den Demografischen Wandel, Chain Management und Mitarbeiterplanung und –führung aufgegriffen hat. Die aus

601 Vgl. (Regina Dukart, 2016c)

diesen Forschungsfeldern zu erwartenden hilfreichen Impulse haben die Praxis allerdings noch nicht erreicht. Die Bearbeitung des gesteckten Forschungsziels erlaubte es an dieser Stelle nicht, Ursachenforschung zu betreiben. So bleibt offen, ob die bislang in diesen Forschungsfeldern generierten Metriken noch nicht ausgereift sind, oder ob ein Kommunikationsdefizit vorliegt und vorhandene Möglichkeiten auf Managementebene noch nicht angekommen sind. Forschungsprojekte, die dazu beitragen Wissensbarrieren zu identifizieren und zu beseitigen, könnten sich ideal an die in dieser Arbeit gewonnenen Erkenntnisse anschließen.

Des Weiteren beschränkte sich die vorliegende Forschungsarbeit bewusst darauf, aktuelle Anforderungen des Managements an Metriken zu erarbeiten. Eine Aussage, in wie weit aktuell im Einsatz befindliche Instrumente diesen Anforderungen gerecht werden, kann an dieser Stelle nicht getroffen werden. Dies wäre insbesondere deshalb interessant, da sich in der Literatur gezeigt hat, dass sich Forschung aktuell auf Zukunftsthemen fokussiert. Optimierungsbedarf in etablierten Bereichen wie den Finanzen, könnten dabei ins Hintertreffen geraten. Eine Forschungsarbeit mit dem Ziel, Optimierungspotenziale zu identifizieren, könnte ebenfalls mit Mehrwert an die hier vorliegende Master-Arbeit anschließen.

7 Zusammenfassung

Produktionsnetzwerke sind in der heutigen globalisierten Welt nicht nur eine Option, sondern Notwendigkeit.[602] Jedoch ist es eine Herausforderung, Netzwerkpartner zu finden, die strategisch kompatibel sind.[603] Produzierende Unternehmen stehen zahlreichen Herausforderungen wie verkürzten Produktlebenszyklen, erhöhter Produkt-, System- und Servicekomplexität sowie erhöhtem Wettbewerbsdruck durch neue Marktteilnehmer gegenüber. Zusätzlich wird die Nachfrage volatiler, das Konsumverhalten variiert zunehmend, die Produktvielfalt explodiert.[604] Auf Managementebene sucht man deshalb nach Möglichkeiten, die Planungssicherheit zu optimieren. Kennzahlen können hier einen wichtigen Beitrag zu Transparenz und Früherkennung leisten. Zudem erlauben es numerische Indikatoren, Netzwerkbeteiligte verständlich, vergleichbar und zeitnah über sämtliche relevante Leistungsmetriken zu informieren. Dies ermöglicht es, ungewollten Entwicklungen zeitnah entgegenzuwirken und so den unternehmerischen Erfolg sicherzustellen. So wird eine optimale Vernetzung von Unternehmenseinheiten und –standorten sichergestellt, die eine effiziente Nutzung der jeweiligen spezifischen Leistungen zum Ziel hat. [605] In der Praxis werden bislang in erster Linie monetäre Leistungsmetriken genutzt.[606] Inzwischen existieren jedoch auch außerhalb des Finanzmanagements ausgereifte Metriken, die Entscheidern Sicherheit und Kontrolle geben können.

[602] Vgl. (Hallikas, Virolainen, & Tuominen, 2002, p. 46)

[603] Vgl. (Hallikas et al., 2002, p. 54)

[604] Vgl (Mourtzis & Doukas, 2014, p. 1)

[605] Vgl. (Kaluza & Blecker, 2013, p. 14)

[606] Vgl. (Lanza et al., 2012, p. 626)

7.1 Forschungsziel

Ziel des Forschungsprojektes war es, einen Überblick über die aktuell theoretisch möglichen Einsatzgebiete von Metriken in Produktions-Netzwerken zu schaffen. Ferner galt es zu eruieren welche Kennzahlen aktuell praktische Relevanz besitzen. Schließlich sollten durch einen Abgleich des theoretischen und praktischen Spektrums Ansatzpunkte für die künftige Kennzahlenforschung sowie Managementhinweise identifiziert werden.

Zur Erarbeitung der gewünschten Forschungsergebnisse wurde ein zweiteiliges Forschungsdesign gewählt. Dieses sah zunächst die Aufarbeitung des aktuellen Forschungsstandes mittels Literaturanalyse vor. Um für die durchgeführte Forschungsarbeit eine adäquate Aktualität sicherzustellen, wurden in die Literaturrecherche nur Publikationen einbezogen, die innerhalb der letzten fünf Jahre veröffentlicht wurden. Um die vorhandenen Schriften systematisch auszuwerten, wurden zunächst speziell auf das Thema der Forschungsarbeit abgestimmte Suchbegriffe, sog. Keywords, definiert.

7.2 Identifikation von Kennzahlen

Um Metriken zu erarbeiten war es zunächst notwendig, sich mit bestehenden Kennzahlen zu beschäftigen. Als solche sind Zahlen betrachtet, die quantitativ erfassbare Sachverhalte in konzentrierter Form darstellen[607]. Durch die bewusste Verdichtung der komplexen Realität[608] entstehen Übersicht, Vergleichbarkeit und schließlich verbesserte Transparenz. Dies macht Kennzahlen in vielfältigen Bereichen zu einem gefragten Steuerungsinstrument. So facettenreich wie die Einsatzmöglichkeiten generieren sich dabei auch die Beschreibungen. In der Literatur werden etwa die Ausdrücke Kennziffer, Maßgröße, Schlüsselgröße, Messgröße

607 Vgl. (Syring, 2008, p. 21)

608 Vgl. (Bode, 2008, p. 34)

und Richtzahl synonym verwendet.[609] Die angloamerikanische Literatur sieht Kennzahlen als Verhältniszahlen, wohingegen die deutsche Literatur auch Absolut-Zahlen als Kennzahlen festlegt. Wesentliche Eigenschaften von Kennzahlen sind die Quantifizierbarkeit, der Informationscharakter und die spezifische Form der Information.[610] Gemein ist allen Kennzahlen, dass sie sich anhand von acht Dimensionen[611] charakterisieren und identifizieren lassen.

Eine Ebene bildet hierbei die Klassifizierung des Untersuchungsgegenstandes. Dies können beispielsweise sog. Soft Facts wie der Informationsgrad von Mitarbeitern oder deren Identifikation mit dem Unternehmen sein. Oder in Abgrenzung dazu Hard Facts wie Umsatz, Gewinn und Rentabilität. Das Aggregationsniveau einer Kennzahl bietet ein weiteres Klassifizierungsmerkmal. Hier lässt sich beispielsweise auf betrieblicher Ebene ein gesamtes Unternehmen oder ein spezieller Bereich wie Filialen und Werke betrachten. Auf zeitlicher Ebene können differierende Intervalle aggregiert werden. Etwa für den Jahresabschluss oder einzelne Quartalsberichte. Eine weitere Dimension der Kennzahlen lässt sich aus der gemessenen Einheit ableiten. Hier können etwa Geldeinheiten, Stückzahlen oder Prozentwerte fokussiert werden. Zudem kann eine Klassifizierung an Hand des Erhebungszeitpunkts vorgenommen werden. Ferner lassen sich Metriken auch nach ihrer Datenbasis charakterisieren. Hier kann eine Kennzahl beispielsweise durch primäre Daten, also speziell erhobene Informationen, gespeist werden. Ebenso können Kennzahlen aus sekundären Datenquellen, entwickelt werden. Der Bezug zu Management-Funktion einer Kennzahl stellt ein weiteres Merkmal dar. Hier wird die Dimension beispielsweise aus der Fragestellung generiert ob durch die entsprechende Kennzahl ein Ziel-, Soll-, Ist- oder Wird-Wert dargestellt wird.

Neben den dargestellten acht Dimensionen einer Kennzahl werden in der Literatur weitere Unterscheidungsmerkmale be-

---

609 Vgl. (Preißler, 2008, p.11)

610 Vgl. (Syring, 2008, p. 28)

611 vgl. (Syring, 2008, p. 29)

schrieben. Zu diesen zählt die statistische Form, die relative und absolute Kennzahlen kennt. Ferner findet die Informationsbasis Beachtung. Hier entsteht die Klassifizierung durch die Herkunftsfrage. Stammen die einer Kennzahl zu Grunde liegenden Daten aus der Planung, Kostenrechnung, Betriebs- oder Finanzbuchhaltung? Zudem kann unter Berücksichtigung des Handlungsbezugs nach normativen oder deskriptiven Kennzahlen unterschieden werden. Identifikationsstiftend ist darüber hinaus der Objektbereich. Er unterscheidet nach dem Blickwinkel der Betrachtung. Ein Bezug der Kennzahl ist dabei auf das gesamte Unternehmen oder Teilbereiche sowie organisatorische, funktionale und divisionale Bereiche möglich. Eine ebensolche Rolle spielt die Zielorientierung. Sie erlaubt beispielsweise eine Ausrichtung auf Erfolg oder Liquidität.

Vom Begriff Kennzahl ist der Ausdruck Indikator abzugrenzen. Indikatoren gelten als bedeutender Bestandteil von Performance Measurement-Systemen. Beispielsweise wäre die Anzahl von Beschwerden ein Indikator für die Qualität eines Produktes.[612] Kennzahlen messen direkt eine zu beobachtende und relevante Erfolgsgröße und dienen nicht als indirekte Indikatoren. Indikatoren verdichten keine zahlenmäßig erfassbaren Sachverhalte. Sie bieten eine zahlenmäßige Grundlage für die Betrachtung von Ursache-Wirkungszusammenhängen und einen relevanten Bezug zu zukünftigen Begebenheiten.

7.3 Quantitative Inhaltsanalyse

Vor diesem Hintergrund wurden für die systematische, quantitative Literaturanalyse Keywords für sämtliche Dimensionen von Kennzahlen definiert. Zu diesen Schlagwörtern zählen Begriffe wie Metriken, Kennzahlen, Indikatoren, KPI, Produktionsnetzwerk sowie deren Übersetzung ins Englische. Im Rahmen der Recherche wurde deren Nennungshäufigkeit in Schriften aus Hochschulbibliotheken, „Google Scholar“, „Scopus“, Journals und sonstigen Veröffentlichungen auf Deutsch und Englisch

[612] Vgl.(Sandt, 2004, p. 11)

recherchiert. Dabei galt es der aus wissenschaftlicher Sicht differierenden Wertigkeit von Quellen Rechnung zu tragen. Deshalb wurde bei der Betrachtung erfasst, welche Metrik wie häufig, in welcher Quellenart nachgewiesen werden kann. Dabei wurde für jede Quelle eine Gewichtung vorgenommen. Dazu wurde eine Unterteilung in vier Klassen vorgenommen. Der Klasse 1 entsprechen Veröffentlichungen, die im VHB Rating[613] mit „A" oder „B" gelistet sind. Veröffentlichungen der Klasse 2 sind im VHB Rating schlechter gelistet. Der Klasse 3 werden Bücher zugeordnet und in Klasse 4 wird solche Literatur zusammengefasst, die weder offiziell geratet wurde, noch ein Buch ist sowie sonstige Veröffentlichungen im Internet. Um eine numerische Vergleichbarkeit herzustellen, werden die jeweiligen Publikationsklassen mit Punkten bewertet. Literatur der Klasse 1 wird mit fünf Punkten bewertet, Literatur der Klasse 2 erhält vier Punkte. Veröffentlichungen der Klasse 3 werden drei Punkte zugewiesen. Klasse 4 wird mit einem Punkt ausgezeichnet.

Die quantitative Literaturanalyse ergab dabei eine Vielzahl in der Theorie beschriebenen Metriken in unterschiedlichsten Branchen und Disziplinen. Diese Ergebnisse galt es im Sinne der Forschungsarbeit zu kanalisieren und zu bewerten. Dazu wurden die genannten Metriken entsprechend ihrer jeweiligen Zielsetzung in Kategorien zusammengefasst. Gemäß den auf die jeweiligen Kategorien entfallenen Nennungen wurde schließlich ein Ranking gebildet.

1. Finanzen: 288 Punkte
2. Produktion: 177 Punkte
3. Ressourcen: 161 Punkte
4. Veränderungsfähigkeit: 126 Punkte
5. Distribution: 62 Punkte
6. Qualität: 59 Punkte

613 Vgl. (vhb, 2010-2011)

So erscheint die Kategorie Finanzen gemäß der Literaturanalyse am wichtigsten zu sein, an zweiter Stelle folgt der Bereich Produktion. Analog reihen sich die weiteren Kategorien bis hin zum Themenfeld Qualität an. Bei der Detailanalyse ist festzustellen, dass sieben Metriken, über alle Kategorien hinweg, besonders häufig genannt sind. Dies sind Fachkräftequalifikation, Flexibilität, Kapazität, Kosten, Gewinn, Infrastruktur sowie Qualität(srate).

Dabei ist zu beachten, dass eine qualitative Literaturarbeit lediglich die Anzahl der Nennungen berücksichtigt. Eine inhaltliche Bewertung findet nicht statt. Dem Ranking liegt die Hypothese zu Grunde, dass eine zahlenmäßig häufige Nennung – insbesondere in werthaltigen Quellen – auf hohe Relevanz in Wissenschaft und Forschung hindeutet. Diese galt es im Rahmen der vorliegenden Master-Thesis in der Praxis zu verifizieren. Diesem Ziel widmete sich der zweite Teil der Forschungsarbeit.

7.4 Qualitative Inhaltsanalyse

Im Rahmen einer qualitativen Inhaltsanalyse von Expertengesprächen wurden dabei die Erkenntnisse der Literaturrecherche nachgehalten. Ziel des Forschungsprojektes war es an dieser Stelle nicht durch eine breite Datenbasis repräsentative Aussagen treffen zu können. Im Mittelpunkt stand vielmehr die Generierung eines Überblicks, der Anknüpfungspunkte für Forschung und Lehre im Bereich der Metriken liefert. Vor diesem Hintergrund wurde die Zahl von zehn Expertengesprächen gewählt. Dabei wurden ausschließlich Personen aus Geschäftsführung oder der ersten Managementebene befragt, um so die fachliche Belastbarkeit der Aussagen zu gewährleisten. Ein starrer Leitfaden für die Interviewführung sorgte zudem für eine Vergleichbarkeit der Aussagen. Natürlich macht ein einfacher Blick in die wirtschaftliche Landschaft deutlich, dass es bei Unternehmen große Unterschiede gibt. Deshalb wurde bei der Auswahl der Interviewpartner für eine Bandbreite an Organisationsformen gesorgt. Hier wurden Eigentümer kleiner mittelständischer Unternehmen ebenso berücksichtigt wie von Kapitalgesellschaften angestellte Geschäftsführer oder Manager von weltweit aufgestellten Großkonzernen.

In einem ersten Schritt galt es in einer gestützten Befragung für die Probanden, die in der Literaturarbeit identifizierten Kategorien auf ihre Wichtigkeit hin zu bewerten. Dazu konnten die Interviewten auf einer Skala von 1 (minimale Bedeutung) bis 6 (maximale Bedeutsamkeit) jede einzelne Kategorie bewerten. In einem zweiten Schritt hatten die Probanden dann im Rahmen einer offenen Befragung Metriken zu benennen, die in ihrem Produktionsnetzwerk tatsächlich im Einsatz sind. Dabei wurde deutlich, dass es Abweichungen zwischen theoretischer Ausgangslage und Sicht der Praktiker gibt. Spielt in der aktuellen Forschung – für die Literaturanalyse wurden nur im Laufe der letzten fünf Jahre publizierte Texte berücksichtigt – das Thema Qualität nur eine untergeordnete Rolle, so räumen die Praktiker diesem Feld durchgängig höchste Bedeutung zu. Ferner haben Kennzahlen aus der Finanzwirtschaft in der Praxis hohe Wichtigkeit – während sich die Forschung mit Zukunftsthemen wie Fachkräftequalifikation oder Flexibilität beschäftigt.

Des Weiteren wurde in den Experteninterviews hinterfragt welche Anforderungen Kennzahlen erfüllen müssen, um in der Praxis akzeptiert und eingesetzt zu werden. Hier entwickelte die Verfasserin der vorliegenden Arbeit die Hypothese, dass für das Management besonders relevante Kennzahlen höhere Anforderungen erfüllen müssen, als andere. Aus der Literatur heraus wurden folgende Attribute für Kennzahlen ermittelt: Aktualität, geringer Ermittlungsaufwand, Verständlichkeit und Relevanz für Managemententscheidungen. Zunächst wurde die Wichtigkeit dieser Attribute bei den Experten abgefragt – wieder mit einer Skala von 1 (niedrigste Bedeutung) bis 6 (maximale Wichtigkeit). Auf Basis der vergebenen Punkte entwickelte sich das Ranking:

1. Verständlichkeit: 57 Punkte
2. Aktualität: 52 Punkte
3. Relevanz für Managemententscheidungen: 49 Punkte
4. Geringer Ermittlungsaufwand: 46

Anschließend wurde die Bedeutung der identifizierten Attribute in den jeweiligen Kategorien erhoben. Mit der bekannten Skala von 1 bis 6 konnten die Experten dabei den einzelnen Eigenschaften Bedeutsamkeit beimessen. Dabei bestätigte sich die aufgestellte Hypothese. Die an eine Metrik gestellten Anforderungen nehmen analog mit der unternehmerischen Bedeutung zu. So verzeichnen Metriken für Qualität – von den Experten als wichtigstes Ziel identifiziert – 210 von maximal möglichen 240 Anforderungs-Punkten. Gefolgt von Kosten (207 Punkte) und Gewinn (195 Punkte). Hingegen verzeichnen die Kennzahlen für

Flexibilität (157 Punkte) und Infrastruktur (150 Punkte) die geringe Bedeutung in den Attributen. Sie belegten auch im Ranking der Bedeutsamkeit die hinteren Plätze.

7.5 Fazit

Unternehmen und damit auch Produktionsnetzwerke arbeiten kennzahlenorientiert. Hier sind allerdings Unterschiede in der Ausprägung festzustellen. Dabei werden häufig Vergleiche mit Werten aus dem Vorjahr[614] gezogen oder Soll-Ist-Vergleiche[615] gemacht. Werden Kennzahlen in regelmäßigen Zeitabständen neu berechnet, sind Veränderungen feststellbar. Daraus lassen sich Handlungsbedarfe und darauf aufbauend Managemententscheidungen ableiten. Auch eine Standortbestimmung, innerhalb eines Unternehmens oder einer Branche, kann so realisiert werden. Darüber hinaus unterstützen Kennzahlen die Definition unternehmerischer Ziele.[616]

Grundsätzlich ist festzustellen, dass Metriken dann eingesetzt werden, wenn sie eine hohe Relevanz für Management Entscheidungen haben. Ist diese Bedeutsamkeit gegeben, wird erforderli-

---

614 Vgl (Regina Dukart, 2016a)

615 Vgl. (Regina Dukart, 2016j)

616 Vgl. (Regina Dukart, 2016f)

chenfalls auch ein höherer Aufwand zur Ermittlung der Kennzahl in Kauf genommen.

Darüber hinaus muss eine Metrik transparent, also nachvollziehbar ermittelt und klar in der Aussage sein. Nur wenn alle Betroffenen die Ermittlung als vertrauenswürdig betrachten und die dargestellte Botschaft verstehen, kann eine Kennzahl ihre Wirkung voll entfalten.

Die vorliegende Forschungsarbeit liefert zudem Anhaltspunkte dafür, dass der Einsatz von Metriken mit Größe und Komplexität eines Unternehmens zunimmt. Ebenso gibt es Hinweise darauf, dass die Forschung sich derzeit insbesondere mit Metriken für Zukunftsthemen wie Personalwirtschaft und Chain-Management beschäftigt. Einfluss auf die gelebte Management-Praxis hat dies bislang allerdings noch nicht.

ABKÜRZUNGSVERZEICHNIS

BSC:	Balanced Scorecard
EBT:	Earnings before Taxes
EBIT:	Earnings before Interest and Taxes
EBITDA:	Earnings before Interest, Tax, Depreciation an Amortization
IRR:	Internal Ratc of Return
NPV:	Net Present Value
OEE:	Overall Equipment Effectiveness
ROA:	Retorn On Assets
ROI:	Return On Invest
TdB:	Tableau de Bord

FORMELVERZEICHNIS

$F_{Varianten}$	Variantenflexibilität
$F_{Varianten}$	Volumenflexibilität
K	Menge der Kunden
k	Kunde
K_B	Bestandskosten
$K_{Produktion}$	Produktionskosten
K_T	Transportkosten
KN_{kn}	Kunde k in Nation n
$KDem_{kp}^{\tau}$	Nachfrage des Kunden k nach Produkt p zu Zeitschritt τ
$KPreis_{kp}^{\tau}$	Preis des Produktes p, bezahlt von Kunde k zu Zeitschritt τ
KS_s	Kosten an Standort s
KSB_s	Beschaffungskosten an Standort s
KSO_s	Overheadkosten an Standort s
$KSO_{\tau s}^{fix}$	Fixe Kosten indirekter Bereiche an Standort s zu Zeitschritt τ
$KSO_{\tau s}^{var}$	Variable Kosten indirekter Bereiche an Standort s zu Zeitschritt τ
$KSOA_s$	Anlauf- und Auslaufkosten eines Standortes s
KSO_s^{Anlauf}	Anlaufkosten eines Standortes s
$KSO_s^{Auslauf}$	Auslaufkosten eines Standortes s
$KSTA_s$	Anlauf- und Auslaufkosten von Technologien an Standort s
KST_t^{Anlauf}	Anlaufkosten einer Technologie
$KST_t^{Auslauf}$	Auslaufkosten einer Technologie
L	Menge der Materiallieferanten

l	Materiallieferant
$LoCont_{n_i}^{\tau}$	Wertanteil in Periode π der in Nation n lokal erbracht werden muss
$LPreis_{lm}^{\tau}$	Preis von Materiallieferant l für Material m zu Zeitschritt τ
LZ	Mittlere Lieferzeit
LZ_p^{τ}	Mittlere Lieferzeit des Produkts p zu Zeitschritt τ
M	Menge der Materialien
m	Material
MindestProd	Mindestproduktionsmenge einer Technologie in %
MN^{τ}	Marktnähe zu Zeitschritt τ
N	Anzahl an Nationen
$NBeri_n^{\tau}$	BERI-Index einer Nation n zu Zeitschritt τ
n	Nation
P	Menge der Produkte
p	Produkt
$PKap_{\tau p}$	Maximal mögliche Anzahl an Mengeneinheiten des Produkts p, welches in Periode τ hergestellt werden kann
PQ_p^{τ}	Mittlerer Qualitätswert des Produktes p in Periode τ
$PWKap_{\tau pw}$	Freie Kapazität der Produktstufe w des Produkts p zu Zeitschritt τ
PZ_{stpw}	Produktionszeit einer Produktionsstufe w des Produkts p auf Technologie t an Standort s

Q	Mittlere Produktqualität
S	Anzahl an Standorten
s	Standort
SF_1^{τ}	Kumulierte Abweichung der BERI-Indizes der aktiven Standorte vom Bestwert der möglichen Standorte in Periode τ
$SF_1^{\tau max}$	Obergrenze der kumulierten Abweichung der BERI-Indizes der aktiven Standorte vom Bestwert der möglichen Standorte in Periode τ
$SInfra_s^{\tau}$	Infrastrukturindex eines Standorts s zu Zeitschritt τ
SN_{sn}	Standort s in Nation n
$SVar_s^{\tau}$	Relativer Anteil der Anzahl an einem Standort s durchführbarer Produktionsschritte zu Zeitschritt τ
T	Anzahl der Zeitschritte
τ	Zeitschritt
T	Anzahl Technologien
t	Technologie
$t_{\tau lspmv}$	Transportmenge zum Zeitschritt τ von Lieferant l zu Standort s für Produkt p des Materials m mit Transportmodus v
$t_{\tau zspwv}$	Transportmenge zum Zeitschritt τ von Komponentenlieferant z zu Standort s für Produkt p der Stufe w mit Transportmodus v

$TKap_t^\tau$	Kapazität einer Technologie *t* in Zeiteinheiten
TPW_{tpw}	Eignung einer Technologie t für Produktionsstufe *w* des Produkts *p*
u	Nutzen
u_i	Nutzen des Kriteriums *i*
$\overrightarrow{u_i}\ (Konf)$	Zielfunktionsvektor
V	Menge der Transportmodi
v	Transportmodus
$VL_{n_i}^\tau$	Absoluter Wertanteil, der Nation *n* zu Zeitschritt τ lokal erbracht werden muss
W	Anzahl Produktionsstufen
w	Produktionsstufe
W_p	Letzte Produktionsstufe bzw. Endprodukt
X_s^τ	Binäre Entscheidungsvariable für den Standort *s* zu Zeitschritt τ
$x_{\tau pwst}$	Produktionsmenge zu Zeitschritt τ eines Produktes *p* der Produktionsstufe *w* am Standort *s* durch Technologie *t*
Y_{st}^τ	Binäre Entscheidungsvariable für die Technologie t an Standort *s* zu Zeitschritt τ

Z	Menge der Komponentenlieferanten
z	Komponentenlieferant
$ZPreis_{zpw}^{\tau}$	Preis von Komponentenlieferant z für Komponente w des Produktes p zu Zeitschritt τ

Abbildungsverzeichnis

TABELLENVERZEICHNIS

LITERATURVERZEICHNIS

Abrahamsen, M. H., Henneberg, S. C., & Naudé, P. (2012). Using actors`perceptions of network roles and positions to understand network dynamics. Industrial Marketing Management, (41), 259–269. Retrieved March 31, 2016, from doi:10.1016/j.indmarman.2012.01.008.

Aeppli, J. (2014). Empirisches wissenschaftliches Arbeiten: Ein Studienbuch für die Bildungswissenschaften (3., überarb. Aufl.). Bad Heilbrunn: UTB; Klinkhardt.

Agostini, L., Filippini, R., & Nosella, A. (2015). Management and performance of strategic multipartner SME networks. International Journal of Production Economics, (169), 376–390. Retrieved March 30, 2016, from http://dx.doi.org/10.1016/j.ijpe.2015.08.017.

Arndt, T., & Lanza, G. (2016). Planning support for the design of quality control strategies in global production networks. Science Direct, (41), 675–680. Retrieved March 30, 2016, from http://creativecommons.org/licenses/by-nc-nd/4.0/.

Axel Sell (2002). Internationale Unternehmenskooperationen. Berlin: Oldenbourg Wissenschaftsverlag

Beber, M. E., & Becker, T. (2014). Towards an Understanding of the Relation between Topological Characteristics and Dynamic Behavior in Manufacturing Networks. Science Direct, (19), 21–26. Retrieved March 30, 2016, from http://creativecommons.org/licenses/by-nc-nd/3.0/.

Becker, T., & Stern, H. (2016). Impact of resourse sharing in manufacturing on logistical key figures. Science Direct, (41), 579–584. Retrieved March 30, 2016, from http://creativecommons.org/licenses/by-nc-nd/4.0/.

Blunck, H., Vican, V., Becker, T., & Windt, K. (2014). Improvement Heuristics for Manufacturing System Design Using Complex Network Figures. Science Direct, (17), 50–55. Retrieved March 30, 2016, from http://creativecommons.org/licenses/by-nc-nd/3.0/.

Bode, J. (2008). Performance Measurement und Management (1. Aufl.). Recht, Wirtschaft, Steuern. Hamburg: IGEL Verlag.

Boersch, C. (2007). Das Summa Summarum des Management: Die 25 wichtigsten Werke für Strategie, Führung und Veränderung (1. Aufl.).
Wiesbaden: Gabler.

Bottler, S. (2015). Lieferkette muss Wünsche erfüllen. DVZ, (53). Retrieved April 01, 2016, from https://www.wiso-net.de/document/DVZ_LV053cs-Aufmacher-SCD-3903916-new.

Brink, A. (2013). Anfertigung wissenschaftlicher Arbeiten: Ein prozess-orientierter Leitfaden zur Erstellung von Bachelor-, Master- und Diplomarbeiten
(5., überarb. u. aktualisierte Aufl.). Lehrbuch. Wiesbaden: Springer Fachmedien Wiesbaden GmbH.

Cabanelas, P., Cabanelas Omil, J., & Vázquez, X. H. (2013). A methodology for the construction of dynamic capabilities in industrial networks: The role of border agents. Industrial Marketing Management, (42), 992–1003. Retrieved March 31, 2016, from http://dx.doi.org/10.1016/j.indmarman.2013.03.012.

Capaldo, A. (2014). Network governance: A cross-level study of social machanisms, knowledge benefits, and strategic outcomes in joint-design alliances. Industrial Marketing Management, (43), 685–703. Retrieved March 31, 2016, from http://dx.doi.org/10.1016/j.indmarman.2014.02.002.

Egbetokun, A. A. (2015). The more the merrier? Network portfolio size and innovation performance in Nigerian firms. Technovation, (43-44), 17–28. Retrieved March 30, 2016, from http://dx.doi.org/10.1016/j.technovation.2015.05.004.

Genehr, T. (2013). Höhere Macht. Industriemagazin, (06), 76–80. Retrieved April 01, 2016, from https://www.wiso-net.de/document/OEIM_073077095201305291200290046.

Gottmann, J. (2016). Produktionscontrolling: Wertströme und Kosten optimieren (1. Aufl. 2016). Wiesbaden: Gabler.

Hallikas, J., Virolainen, V.-M., & Tuominen, M. (2002). Risk analysis and assessment in network environments: A dyadic case study. International Journal of Production Economics, (78), 45–55. Retrieved March 31, 2016.

Häntsch, M., & Huchzermeier, A. (2016). Correct accounting for duty drawbacks with outward and inward processing in global production networks. Omega, (58), 111–127. Retrieved March 30, 2016, from http://dx.doi.org/10.1016/j.omega.2015.04.007.

Hellmann, T., & Staudigl, M. (2014). Evolution of social networks. European Journal of Operational Research, (234), 583–596. Retrieved March 31, 2016, from http://dx.doi.org/10.1016/j.ejor.2013.08.022.

Himsel, C., Müller, A., Stops, M., & Walwei, U. (2013). Fachkräfte gesucht – Rekrutierungsprobleme im Gesundheitswesen. Sozialer Fortschritt, (8-9), 216–226, from http://ejournals.duncker-humblot.de/doi/pdf/10.3790/sfo.62.8-9.216.

Kaluza, B., & Blecker, T. (Eds.) (2013). Produktions- und Logistikmanagement in Virtuellen Unternehmen und Unternehmensnetzwerken. Berlin: Springer.

Kaplan, R. S., & Norton, D. P. (1997). The Balanced Scorecard: Translating strategy into action.

Klaus, E. (2002). Vertrauen in Unternehmensnetzwerken: Eine interdisziplinäre Analyse (1. Aufl.). Gabler Edition Wissenschaft. Wiesbaden: Deutscher Universitäts-Verlag

Knieps, G. (2015). Network economics: Principles - Strategies - Competition Policy. Springer Texts in Business and Economics: Springer International Publishing Switzerland.

Lanza, G., Moser, R., Book, J., & Braun, F. (2012). Global verteilte Produktionssysteme: Pragmatische Bewertung in der variantenreichen Großserienfertigung. ZWF, 107 (2012) 9, 623–627. Retrieved April 01, 2016, from www.zwf-online.de.

Levén, P., Holmström, J., & Mathiassen, L. (2014). Managing research and innovation networks: Evidence from a government sponsored cross-industry program. Research Policy, (43), 156–168. Retrieved March 30, 2016, from http://dx.doi.org/10.1016/j.respol.2013.08.004.

Lindström, T., & Polsa, P. (2016). Coopetition close to the customer: A case study of a small business network. Industrial Marketing Management, (53), 207–215.

Matheis, T. (2012). Modellgestütztes Rahmenkonzept zum Performance Measurement von kollaborativen Geschäftsprozessen. Wirtschaftsinformatik - Theorie und Anwendung: Vol. 27. Berlin: Logos-Verlag.

Matthyssens, P., Vandenbempt, K., & Van Bockhaven, W. (2013). Structural antecedents if institutional entrepreneurship in industrial networks: A critical realist explanation. Industrial Marketing Management, (42), 405–420. Retrieved March 31, 2016, from http://dx.doi.rg/10.1016/j.indmarman.2013.02.008.

Morescalchi, A., Pammolli, F., Penner, O., Petersen, A. M., & Riccaboni, M. (2015). The evolution of networks of innovators within and aross borders: Evidence from patent data. Research Policy, (44), 651–668. Retrieved March 30, 2016, from http://dx.doi.org/10.1016/j.respol.2014.10.015.

Moser, R. (2014). Strategische Planung globaler Produktionsnetzwerke: Bestimmung von Wandlungsbedarf und Wandlungszeitpunkt mittels multikriterieller Optimierung. Forschungsberichte aus dem Wbk, Institut für Produktionstechnik, Karlsruher Institut für Technologie (KIT): Vol. 185. Aachen: Shaker.

Mourtzis, D., & Doukas, M. (2014). Design and planning of manufacturing networks for mass customisation and personalisation: Challenges and Outlook. Science Direct, (19), 1–13. Retrieved March 30, 2016, from http://creativecommons.org/licenses/by-nc-nd/3.0/.

Munksgaard, K. B., & Medlin, C. J. (2014). Self- and collective-interests: Using formal network activities for developing firms` business. Industrial Marketing Management, (43), 613–621. Retrieved March 31, 2016, from http://dx.doi.org/10.1016/j.indmarman.2014.02.006.

Oehlrich, M. (2015). Wissenschaftliches Arbeiten und Schreiben: Schritt für Schritt zur Bachelor- und Master-Thesis in den Wirtschaftswissenschaften. SpringerLink : Bücher. Berlin: Gabler.

Pantke, F., & Herzog, O. (2014). Distributed key figure optimization approaches for global goal coordination in multi-agent systems for production control. Science Direct, (19), 180–185. Retrieved March 30, 2016, from http://creativecommons.org/licenses/by-nc-nd/3.0/.

Piser, M. (2004). Strategisches Performance Management: Performance measurement als Instrument der strategischen Kontrolle. Gabler Edition Wissenschaft. Wiesbaden: Dt. Univ.-Verl.

Poocharoen, O.-o., & Sovacool, B. K. (2012). Exploring the challenges of energy and resources network governance. Energy Policy, (42), 409–418. Retrieved March 31, 2016, from doi:10.1016/j.enpol.2011.12.005.

Preißler, P. R. (2008). Betriebswirtschaftliche Kennzahlen: Formeln, Aussagekraft, Sollwerte, Ermittlungsintervalle. [BWL Starter Kit]. München [u.a.]: Oldenbourg.

Purchase, S., Da Silva Rosa, R., & Schepis, D. (2015). Identity construction through role and network position. Industrial Marketing Management, 1–10. Retrieved March 30, 2016, from http://dx.doi/10.1016/j.indmarman.2015.07.004.

Purchse, S., Olaru, D., & Denize, S. (2014). Innovation network trajectories and changes in resource bundles. Industrial Marketing Management, (43), 448–459. Retrieved March 31, 2016, from http://dx.doi.org/10.1016/j.indmarman.2013.12.013.

Rachow, P., Westphal, C., & Ullmann, G. (2013). Logistische Leistungsfähigkeit von Produktionsnetzwerken für XXL-Produkte. ZWF, 108 (2013) 9, 660–663. Retrieved April 01, 2016, from www.zwf-online.de.

Rahman, O. A., Schatz, A., & Kuch, B. (2013). Wertschöpfungsverteilung in globalen Produktionsnetzwerken: Engineering-Werkzeug zur sstatischen Optimierung. ZWF, 108 (2013) 9, 656–659. Retrieved April 01, 2016, from www.zwf-online.de.

Regina Dukart (2016a, September 08). Interview with Hr. Kreß. Mühlhausen.

Regina Dukart (2016b, September 09). Interview with Hr. Altschäffel. Höchstadt a. d. Aisch.

Regina Dukart (2016c, September 12). Interview with Hr. Neudecker. Neustadt a. d. Aisch.

Regina Dukart (2016d, September 13). Interview with Hr. Rogner. Herzogenaurach.

Regina Dukart (2016e, September 14). Interview with Hr. Dr. Falco. Würzburg.

Regina Dukart (2016f, September 14). Interview with Hr. Kraus. Würzburg.

Regina Dukart (2016g, September 15). Interview with Hr. Wolf. Straubing.

Regina Dukart (2016h, September 20). Interview with Hr. Fischer. Höchstadt a. d. Aisch.

Regina Dukart (2016i, September 22). Interview with Hr. Planner. Dombühl.

Regina Dukart (2016j, September 23). Interview with Fr. Weinhardt. Rothenburg o. d. T.

Rieg, R. (2015). Planung und Budgetierung: Was wirklich funktioniert (2.,
überarbeitete Auflage).

Roseira, C., Brito, C., & Ford, D. (2013). Network pictures and supplier management: An empirical study. Industrial Marketing Management, (42), 234–247. Retrieved March 31, 2016, from http://dx.doi.org/10.1016/j.indmarman.2012.08.006.

Rossi, A. (2013). Does Economic Upgrading Lead to Social Upgrading in Global Production Networks? Evidence from Marocco. World Development, (46), 223–233. Retrieved March 30, 2016, from http://dx.doi.org/10.1016/j.worlddev.2013.02.002.

Sandt, J. (2004). Management mit Kennzahlen und Kennzahlensystemen:
Bestandsaufnahme, Determinanten und Erfolgsauswirkungen (1. Aufl.).
Gabler Edition Wissenschaft Schriften des Center for Controlling & Management (CCM): Vol. 14. Wiesbaden: Deutscher Univesitäts-Verlag.

Schäfer, & Henry (Eds.) (2011). Management vernetzter Produktionssysteme: Innovation, Nachhaltigkeit und Risikomanagement. München: Franz
Vahlen.

Scheer, L. (2008). Antezedenzen und Konsequenzen der Koordination von Unternehmensnetzwerken: Eine Untersuchung am Beispiel von Franchise-Systemen und Verbundgruppen (1. Aufl.). Gabler Edition Wissenschaft: Handel und internationales Marketing. Wiesbaden: Gabler.

Schepis, D., Purchase, S., & Ellis, N. (2014). Network position and identiy: A language-based perspective on strategizing. Industrial Marketing Management, (43), 582–591. Retrieved March 31, 2016, from http://dx.doi.org/10.1016/j.indmarman.2014.02.009.

Schmoll, G. A. (2001). Kooperationen, Joint Ventures, Allianzen: Mit Auslandspartnern Wettbewerbs- und Marktvorteile erzielen. Köln: Dt. Wirtschaftsdienst.

Schnellbach, P., & Reinhart, G. (2015). Evaluating the Effects of Energy Productivity Measures on Lean Production Key Performance Indicators. Science Direct, (26), 492–497. Retrieved March 30, 2016, from http://creativecommons.org/licenses/by-nc-nd/3.0/.

Schuh, G., Friedli, T., & Kurr, M. A. (2005). Kooperationsmanagement: Systematische Vorbereitung, Gezielter Auf- und Ausbau, Entscheidende
Erfolgsfaktoren: Carl Hanser Verlag München Wien.

Schuh, G., Thomas, C., & Fuchs, S. (2014). Web-basierte Tools zur Steigerung der Produktionseffizienz. Productivity Management, (1), 47–50. Retrieved April 01, 2016, from https://www.wiso-net.de/document/PPS_355DB7B56EB1024BB260351EF792CDD3

Schurig, M., & Ramsauer, C. (2015). Messung der Agilität von Produktionsnetzwerken: Ein Vorgehensmodell zur Messung der Agilität von Produktionsnetzwerken mit Hilfe von operativen Stresstests. ZWF,

110 (2015) 3, 114–117. Retrieved April 01, 2016, from www.zwf-online.de.

Stengel, R. v. (1999). Gestaltung von Wertschöpfungsnetzwerken. Gabler Edition Wissenschaft: Unternehmensführung & Controlling. Wiesbaden: Dt. Univ.-Verlag.

Sydler, R., Haefliger, S., & Pruska, R. (2014). Measuring intellectual capital with financial figures: Can we predict firm profitability? European Management Journal, (32), 224–259. Retrieved March 30, 2016, from http://dx.doi.org/10.1016/j.emj.2013.01.008.

Sydow, J., & Möllering, G. (2009). Produktion in Netzwerken: Make, Buy & Cooperate (2., aktualisierte Aufl.). Vahlens Handbücher der Wirtschafts- und Sozialwissenschaften. München: Vahlen.

Syring, M. C. (2008). Performance Measurement und -Management von Kennzahlen- und Informationssystemen. Berichte aus der Betriebswirtschaft. Aachen: Shaker.

Thornton, S. C., Henneberg, S. C., & Naudé, P. (2013). Understanding types of organizational networking behaviors in the UK manufacturing sector. Industrial Marketing Management, (42), 1154–1166. Retrieved March 31, 2016, from hrrp://dx.doi.org/10.1016/j.indmarman.2013.06.005.

vhb (2010-2011). Gesamtübersicht JQ 2.1: Ranking Gesamt. Retrieved July 20, 2016, from vhb: http://vhbonline.org/fileadmin/_migrated/content_uploads/Ranking_Gesamt_2.1.pdf.

Volling, T., Matzke, A., Grunewald, M., & Spengler, T. S. (2013). Planning of capacities and orders in build-to-order automobile production: A review. European Journal of Operational Research, (224), 240–260. Retrieved March 31, 2016, from http://dx.doi.org/10.1016/j.ejor.2012.07.034.

Wannenwetsch, H. (2014). Integrierte Materialwirtschaft, Logistik und Beschaffung (5., neu bearb. Aufl. 2014). Springer-Lehrbuch. Berlin: Springer Vieweg.

Warnecke, H.-J., & Bullinger, H.-J. (Eds.) (1996). Forschung und Praxis / IPA: Bd. 49. Gewinnen am Standort Deutschland - Beispiele für Quantensprünge.